HOLT

CIENCIAS Y TECNOLOGÍA

Ciencias del medio ambiente

HOLT, RINEHART AND WINSTON
A Harcourt Education Company
Orlando • Austin • New York • San Diego • Toronto • London

Reconocimientos

Autores colaboradores

Katy Z. Allen
Science Writer
Wayland, Massachusetts

Linda Ruth Berg, Ph.D.
Adjunct Professor
Natural Sciences
St. Petersburg College
St. Petersburg, Florida

Robert H. Fronk, Ph.D.
Professor
Science and Mathematics Education Department
Florida Institute of Technology
Melbourne, Florida

Especialista de inclusión

Ellen McPeek Glisan
Special Needs Consultant
San Antonio, Texas

Asesor de seguridad

Jack Gerlovich, Ph.D.
Associate Professor
School of Education
Drake University
Des Moines, Iowa

Revisores académicos

Glenn Adelson
Instructor
Biology Undergraduate Program
Harvard University
Cambridge, Massachusetts

John Brockhaus, Ph.D.
Professor of Geospatial Information Science and Director of Geospatial Information Science Program
Department of Geography and Environmental Engineering
United States Military Academy
West Point, New York
University of Minnesota
Duluth, Minnesota

Joel S. Leventhal, Ph.D.
Emeritus Scientist
U.S. Geological Survey
Lakewood, Colorado

Eva Oberdoerster, Ph.D.
Lecturer
Department of Biology
Southern Methodist University
Dallas, Texas

Maestros revisores

Diedre S. Adams
Physical Science Instructor
West Vigo Middle School
West Terre Haute, Indiana

Barbara Gavin Akre
Teacher of Biology, Anatomy-Physiology, and Life Science
Duluth Independent School District
Duluth, Minnesota

Sarah Carver
Science Teacher
Jackson Creek Middle School
Bloomington, Indiana

Hilary Cochran
Science Teacher
Indian Crest Junior High School
Souderton, Pennsylvania

Randy Dye, M.S.
Middle School Science Department Head
Earth Science
Wood Middle School
Waynesville School District #6, Missouri

Debra S. Kogelman, MAed.
Science Teacher
University of Chicago Laboratory Schools
Chicago, Illinois

Augie Maldonado
Science Teacher
Grisham Middle School
Round Rock, Texas

Marci L. Stadiem
Department Head
Science Department
Cascade Middle School, Highline School District
Seattle, Washington

Florence Vaughan
Science Teacher
University of Chicago Laboratory Schools
Chicago, Illinois

Angie Williams
Teacher
Riversprings Middle School
Crawfordville, Florida

Desarrollo de experimentos y laboratorios

Diana Scheidle Bartos
Research Associate
School of Mines
Golden, Colorado

Carl Benson
General Science Teacher
Plains High School
Plains, Montana

Charlotte Blassingame
Technology Coordinator
White Station Middle School
Memphis, Tennessee

Printed in the United States of America

ISBN 0-03-025596-1

1 2 3 4 5 6 7 048 08 07 06 05 04

Marsha Carver
Science Teacher and Department Chair
McLean County High School
Calhoun, Kentucky

Kenneth E. Creese
Science Teacher
White Mountain Junior High School
Rock Springs, Wyoming

Linda Culp
Science Teacher and Department Chair
Thorndale High School
Thorndale, Texas

James Deaver
Science Teacher and Department Chair
West Point High School
West Point, Nebraska

Frank McKinney, Ph.D.
Professor of Geology
Appalachian State University
Boone, North Carolina

Alyson Mike
Science Teacher
East Valley Middle School
East Helena, Montana

C. Ford Morishita
Biology Teacher
Clackamas High School
Milwaukie, Oregon

Patricia D. Morrell, Ph.D.
Associate Professor
School of Education
University of Portland
Portland, Oregon

Hilary C. Olson, Ph.D.
Research Associate
Institute for Geophysics
The University of Texas at Austin
Austin, Texas

James B. Pulley
Science Editor and Former Science Teacher
North Kansas City, Missouri

Denice Lee Sandefur
Science Chairperson
Nucla High School
Nucla, Colorado

Patti Soderberg
Science Writer
The BioQUEST Curriculum Consortium
Biology Department
Beloit College
Beloit, Wisconsin

Phillip Vavala
Science Teacher and Department Chair
Salesianum School
Wilmington, Delaware

Albert C. Wartski, M.A.T.
Biology Teacher
Chapel Hill High School
Chapel Hill, North Carolina

Lynn Marie Wartski
Science Writer and Former Science Teacher
Hillsborough, North Carolina

Ivora D. Washington
Science Teacher and Department Chair
Hyattsville Middle School
Washington, D.C.

Pruebas de laboratorio

Barry L. Bishop
Science Teacher and Department Chair
San Rafael Junior High School
Ferron, Utah

James Chin
Science Teacher
Frank A. Day Middle School
Newtonville, Massachusetts

Alonda Droege
Biology Teacher
Evergreen High School
Seattle, Washington

Tracy Jahn
Science Teacher
Berkshire Jr–Sr. High
Canaan, New York

Kerry A. Johnson
Science Teacher
Isbell Middle School
Santa Paula, California

Jason P. Marsh
Biology Teacher
Montevideo High School and Montevideo Country School
Montevideo, Minnesota

Terry J. Rakes
Science Teacher
Elmwood Junior High School
Rogers, Arkansas

Debra A. Sampson
Science Teacher
Booker T. Washington Middle School
Elgin, Texas

David M. Sparks
Science Teacher
Redwater Junior High School
Redwater, Texas

Gordon Zibelman
Science Teacher
Drexel Hill Middle School
Drexel Hill, Pennsylvania

Desarrollo de apartados

Hatim Belyamani
John A. Benner
David Bradford
Jennifer Childers
Mickey Coakley
Susan Feldkamp
Jane Gardner
Erik Hahn
Christopher Hess
Deena Kalai
Charlotte W. Luongo, MSc
Michael May
Persis Mehta, Ph.D.
Eileen Nehme, MPH
Catherine Podeszwa
Dennis Rathnaw
Daniel B. Sharp
April Smith West
John M. Stokes
Molly F. Wetterschneider

Verificación de respuestas

Hatim Belyamani
Austin, Texas

E Ciencias del medio ambiente

Desarrollo de destrezas

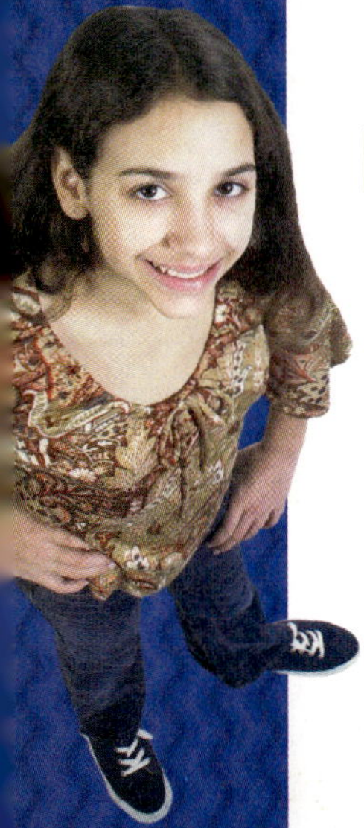

Conexión con...

La ciencia en acción

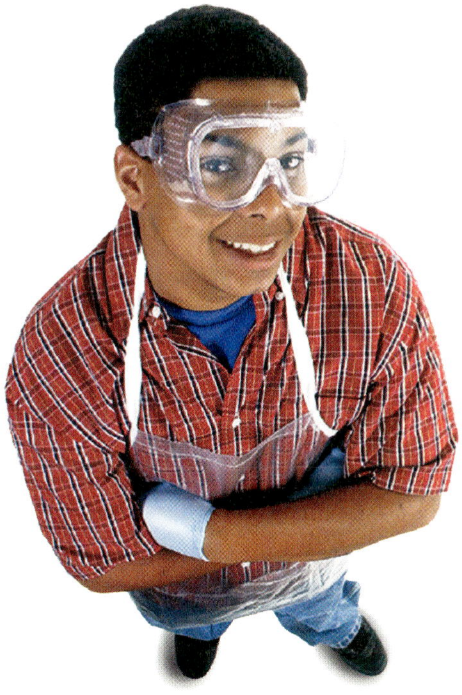

Cómo usar tu libro de texto

El camino al éxito con Holt Ciencias y tecnología

Preparación para la lectura

La Preparación para la lectura que se encuentra al comienzo de cada sección te ofrece los objetivos y los términos clave de la sección. Los objetivos te indican lo que tendrás que saber cuando termines de leer la sección.

En cada sección se mencionan los términos clave. Aprende las definiciones de estos términos porque lo más probable es que aparezcan en los exámenes. Cada término está resaltado en el texto y se define tanto en el punto en que se usa como en el margen de la página. También puedes usar el glosario para encontrar rápidamente las definiciones.

SUGERENCIA DE ESTUDIO Vuelve a leer los objetivos y las definiciones de los términos clave al estudiar para un examen para asegurarte de que conoces el material.

Organízate

La Estrategia de lectura que se encuentra al comienzo de cada sección te ofrece sugerencias para organizar y recordar la información. Lleva contigo un cuaderno de ciencias de modo que puedas tomar notas cuando tu maestro repase el material en clase. Haz los ejercicios en este cuaderno para que puedas revisarlos al estudiar para el examen del capítulo.

SECCIÓN 2

Sucesión ecológica

PREPARACIÓN PARA LA LECTURA

Objetivos
- Describe el proceso de sucesión.
- Contrasta la sucesión primaria y secundaria.
- Explica cómo se desarrollan las comunidades maduras.

Términos clave
sucesión
especie pionera

ESTRATEGIA DE LECTURA

Organizador de lectura Mientras lees esta sección, haz una tabla para comparar la sucesión primaria y la sucesión secundaria.

Imagina que tienes una máquina del tiempo que puede llevarte al verano de 1988. Si en ese entonces hubieras visitado el Parque Nacional de Yellowstone, habrías visto varios incendios destruyendo el área por completo.

Hacia fines de ese verano, grandes zonas del parque estaban totalmente quemadas. Cuando los incendios se extinguieron, el suelo del bosque quedó cubierto por una capa de ceniza gris. La mayoría de los árboles habían muerto, aunque muchos todavía estaban en pie.

Crecimiento nuevo de un bosque

La primavera siguiente, la apariencia del bosque "muerto" comenzó a cambiar. En la **figura 1** se muestran los cambios que hubo a tan solo un año de los incendios. Algunos de los árboles muertos se cayeron y comenzó a aparecer una gran cantidad de plantitas verdes. A los 10 años, los científicos informaron que muchos árboles estaban creciendo nuevamente y que la comunidad forestal se estaba recuperando.

El desarrollo gradual de una comunidad con el paso del tiempo, como la recuperación de las áreas quemadas del Parque Nacional de Yellowstone, se llama **sucesión.** La sucesión ocurre en todas las comunidades, no sólo en aquéllas que sufrieron alteraciones como incendios forestales.

sucesión el reemplazo de un tipo de comunidad por otra en un mismo lugar con el paso del tiempo

Comprensión de lectura ¿Qué ocurrió tras los incendios de Yellowstone? (*Consulta en el Apéndice las respuestas de comprensión de lectura.*)

Figura 1 *En 1988, se quemaron extensas áreas del Parque Nacional de Yellowstone* (izquierda). *Ya en la primavera de 1989, se observaba una recuperación en esas áreas* (derecha).

36 Capítulo 2 Los ciclos de la naturaleza

Aprovecha los recursos: usa Internet

Los recuadros de **Conexión con Internet** de tu libro de texto te ofrecen recursos que puedes usar para proyectos, informes y trabajos de investigación sobre las ciencias. Ingresa el código de SciLinks en scilinks.org para obtener información sobre un tema. (Disponible sólo en inglés)

Visita go.hrw.com

En **go.hrw.com** puedes encontrar hojas de destrezas, artículos de Ciencia actual ***(Current Science®)*** en línea y otros materiales relacionados con tu libro de texto. Haz clic en el icono del libro de texto y la tabla de contenidos para ver todos los recursos de cada capítulo. (Disponible sólo en inglés)

Sucesión primaria

A veces, comienza a formarse una pequeña comunidad en un lugar donde anteriormente no vivían otros organismos. En esa área, no hay tierra; por lo general, sólo hay rocas desnudas. Después de mucho tiempo, una serie de organismos viven y mueren en las rocas. La roca poco a poco se convierte en tierra. Este proceso recibe el nombre de *sucesión primaria* y se muestra en la **figura 2.** Los primeros organismos que habitan esa área reciben el nombre de **especies pioneras.**

especie pionera una especie que coloniza un área deshabitada y empieza un proceso de sucesión

Figura 2 Ejemplo de sucesión primaria

1. Un glaciar en lento retroceso deja al descubierto rocas desnudas en las que no vive ningún organismo. Comienza la sucesión primaria.
2. Casi todas las sucesiones primarias se inician con los líquenes. Los ácidos de los líquenes comienzan a disolver las rocas en pequeñas partículas. Estas partículas se mezclan con los restos de líquenes muertos y se empieza a formar tierra. Los líquenes son un ejemplo de una especie pionera.

Comunidades maduras y biodiversidad

En las primeras etapas de la sucesión, crecen muy pocas especies en la zona. Esas especies crecen rápidamente y producen gran cantidad de semillas que se dispersan con facilidad. Pero todas las especies son vulnerables a las enfermedades, las alteraciones y la competencia. A medida que una comunidad madura, puede ser dominada por *especies de clímax* bien adaptadas y de lento crecimiento.

Además, a medida que la sucesión avanza, se establecen más especies. La variedad de especies de un área recibe el nombre de *biodiversidad*. La biodiversidad es muy importante para las comunidades de organismos. Por ejemplo, un bosque que tiene un alto grado de biodiversidad tiene menos probabilidades de ser destruido por una invasión de insectos. La mayoría de los insectos nocivos para las plantas prefieren atacar una sola especie. La presencia de diversas plantas disminuye el impacto y la propagación de los insectos invasores.

Recuerda que las comunidades maduras no siempre son bosques. Una comunidad madura se caracteriza sencillamente por tener organismos que con el tiempo se adaptan a vivir en una misma área. Por ejemplo, la **figura 4** muestra las plantas del desierto de Sonora, que están bien adaptadas a las condiciones desérticas.

Figura 4 *Esta área del desierto de Sonora, Arizona, es una comunidad madura.*

REPASO DE LA sección

Resumen

- La sucesión ecológica es el desarrollo gradual de comunidades con el paso del tiempo. Por lo general se observa una serie de etapas durante la sucesión.
- La sucesión primaria ocurre en un área donde antes no habia seres vivos; no hay suelo.
- La sucesión secundaria ocurre en un área donde la comunidad anterior fue alterada por incendios, deslizamientos de tierra, inundaciones o arado; hay suelo.

Usar términos clave

1. Define el término *sucesión* en tus propias palabras.

Comprender las ideas principales

2. Un área donde acaba de derretirse un glaciar comenzará un proceso de
   a. sucesión primaria.
   b. sucesión secundaria.
   c. estabilidad.
   d. crecimiento nuevo.
3. Describe la sucesión que se da en un campo abandonado.
4. Describe una comunidad madura. ¿Cómo se desarrolla una comunidad madura?

Destrezas matemáticas

5. Los incendios de 1988 quemaron 739,000 de los 2.2 millones de acres que forman el Parque Nacional de Yellowstone. ¿Qué porcentaje del parque se quemó?

Razonamiento crítico

6. **Aplicar conceptos** Da un ejemplo de una comunidad que tenga mucha biodiversidad, y un ejemplo de una comunidad que tenga poca biodiversidad.
7. **Analizar ideas** Explica por qué la formación del suelo siempre es la primera etapa de la sucesión primaria. ¿La formación del suelo se detiene en algún momento? Explica tu respuesta.

SCILINKS. NSTA Desarrollo y mantenimiento a cargo de la Asociación Nacional de Maestros de Ciencias

Para ver diversos enlaces relacionados con este capítulo, visita www.scilinks.org
Tema*: Sucesión
Código de SciLinks: HSM1475

*(Sólo en inglés)

39

Usa las ilustraciones y las fotos

Las ilustraciones muestran ideas y procesos complejos. Aprende a analizarlas para comprender mejor el material que lees en el texto.

Las tablas y las gráficas muestran información importante de manera organizada para ayudarte a ver las relaciones.

Una imagen vale más que mil palabras. En las fotografías verás ejemplos relevantes de los conceptos científicos sobre los que lees.

Contesta los repasos de las secciones

Los repasos de las secciones evalúan tus conocimientos sobre los puntos principales de la sección. Los puntos de Razonamiento crítico te desafían a pensar sobre el material con más profundidad y a inferir relaciones a partir del texto.

SUGERENCIA DE ESTUDIO Cuando no puedas contestar una pregunta, vuelve a leer la sección. Por lo general, allí encontrarás la respuesta.

Haz tu tarea

Tu maestro puede asignarte hojas de destrezas para ayudarte a comprender y recordar el material de los capítulos.

SUGERENCIA DE ESTUDIO No intentes contestar las preguntas sin haber leído el texto y revisado las notas que tomaste en clase. Con un poco de preparación previa, te resultará mucho más fácil hacer los ejercicios. Hacer los ejercicios del Repaso del capítulo te ayudará a prepararte para el examen del capítulo.

Holt Online Learning

Visita Holt Online Learning

Si tu maestro te da una contraseña especial para ingresar al sitio Holt Online Learning, encontrarás tu libro de texto completo en Internet. Además, encontrarás fabulosas herramientas de aprendizaje y cuestionarios de práctica. Podrás evaluar si conoces a fondo el material de tu libro de texto. (Disponible sólo en inglés)

CNN Student News

Visita CNN Student News

Encontrarás novedades de ciencias en **cnnstudentnews.com** (Disponible sólo en inglés)

PRECAUCIONES DE SEGURIDAD

Explorar, inventar e investigar son actividades esenciales para el estudio de las ciencias. Sin embargo, estas actividades también pueden ser peligrosas. Para garantizar que tus experimentos y exploraciones sean seguros, debes cumplir con varias pautas de seguridad. Probablemente hayas oído la frase "Más vale prevenir que curar". Esto resulta particularmente adecuado en una clase de ciencias, donde se hacen experimentos y exploraciones. No estar bien informado y actuar sin cuidado puede provocar heridas graves. No arriesgues tu propia seguridad ni la de otras personas.

En las siguientes páginas se describen pautas de seguridad importantes para la clase de ciencias. Es posible que tu maestro también tenga pautas y sugerencias de seguridad específicas para tu clase y tu laboratorio. Tómate el tiempo necesario para estar seguro.

Medidas de seguridad

Antes de empezar

Siempre debes obtener el permiso de tu maestro antes de intentar cualquier exploración de laboratorio. Lee cuidadosamente los procedimientos y presta especial atención a la información de seguridad y a las advertencias. Si no estás seguro de lo que significa un símbolo de seguridad, búscalo o pregúntale a tu maestro. En cuanto a la seguridad, nunca está de más ser muy cuidadoso. Si ocurre un accidente, informa inmediatamente a tu maestro, aunque no te parezca importante.

Símbolos de seguridad

Todos los experimentos e investigaciones incluidos en este libro y las hojas de destrezas correspondientes contienen importantes símbolos de seguridad para alertarte sobre determinados asuntos de seguridad. Familiarízate con estos símbolos, así, cuando los veas, sabrás lo que significan y lo que debes hacer. Es importante que leas esta sección de seguridad de principio a fin para conocer los peligros específicos del laboratorio.

Si tu maestro te pide que huelas una sustancia, acerca el vapor hacia tu nariz con la mano. Nunca pongas la nariz cerca de la fuente de la sustancia.

Protección de los ojos

Protección de la ropa

Protección de las manos

Seguridad con el calor

Seguridad eléctrica

Seguridad química

Cuidado de los animales y seguridad

Objetos filosos

Seguridad con las plantas

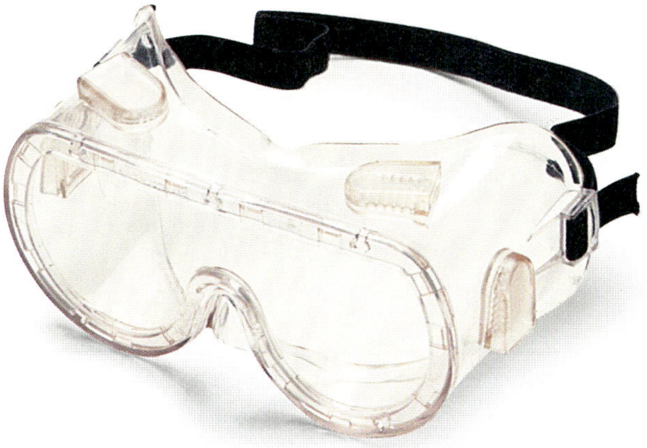

Protección de los ojos

Usa gafas de seguridad siempre que trabajes con compuestos químicos, ácidos, bases o cualquier tipo de llama o fuente de calor. Debes ponerte las gafas de seguridad ante la menor posibilidad de sufrir daño en los ojos. Si te entra cualquier clase de sustancia en los ojos, avisa inmediatamente a tu maestro y lávate los ojos con agua de la llave durante al menos 15 minutos. Trata cualquier compuesto químico desconocido como si fuera peligroso. Nunca mires al Sol directamente, ya que puede causar ceguera permanente.

Evita usar lentes de contacto en el laboratorio. Aunque tengas puestas las gafas de seguridad, los compuestos químicos pueden pasar por debajo de la lente y penetrar en el ojo. Si el médico te indica que uses lentes de contacto en lugar de anteojos, cuando estés en el laboratorio debes usar gafas de seguridad protectoras de ocular, como las que se utilizan para bucear.

Equipos de seguridad

Debes conocer la ubicación de las alarmas contra incendio más cercanas y de cualquier otro equipo de seguridad, como mantas contra incendios y estaciones de lavado de ojos, según lo indicado por tu maestro. Además, debes conocer los procedimientos para usar estos equipos.

Orden y cuidado personal

Despeja tu área de trabajo de todos los libros y papeles innecesarios. Sujétate el cabello hacia atrás si lo tienes largo y asegura las mangas y otras prendas de vestir sueltas, como corbatas y lazos. Quítate las joyas que cuelguen. No uses zapatos de puntera abierta ni sandalias en el laboratorio. Nunca comas, bebas ni te pongas cosméticos en el laboratorio. Los alimentos, las bebidas y los cosméticos pueden contaminarse fácilmente con materiales peligrosos.

Ciertos productos para el pelo (como el espray) son inflamables y no deben usarse cerca de una llama encendida. Evita usar espray o gel para el pelo los días que tengas laboratorio.

Objetos filosos/puntiagudos

Usa con extremo cuidado los cuchillos y otros objetos filosos. Nunca cortes objetos mientras los sostienes en las manos. Coloca los objetos sobre una superficie de trabajo apropiada para cortarlos.

Debes tener muchísimo cuidado al usar cualquier clase de objeto de vidrio. Cuando coloques un objeto pesado en una probeta, inclina la probeta para que el objeto se deslice lentamente hasta el fondo.

Calor

Usa gafas de seguridad cuando manipules cualquier fuente de calor o una llama. Siempre que sea posible, usa una placa calentadora eléctrica como fuente de calor en lugar de una llama abierta. Al calentar materiales en un tubo de ensayo, orienta siempre el tubo lejos de ti y de otras personas. Para evitar quemaduras, usa guantes resistentes al calor siempre que te lo indiquen.

Electricidad

Ten cuidado con los cables eléctricos. Cuando trabajes con un microscopio que tenga lámpara, evita colocar el cable en un lugar donde tus compañeros se puedan tropezar. No dejes que los cables cuelguen sobre el borde de una mesa de manera que el equipo se pueda caer si se tira accidentalmente del cable. No uses equipos que tengan los cables dañados. Asegúrate de tener las manos secas y de que el equipo eléctrico esté en la posición "apagado" antes de enchufarlo. Apaga y desenchufa los equipos eléctricos cuando termines de usarlos.

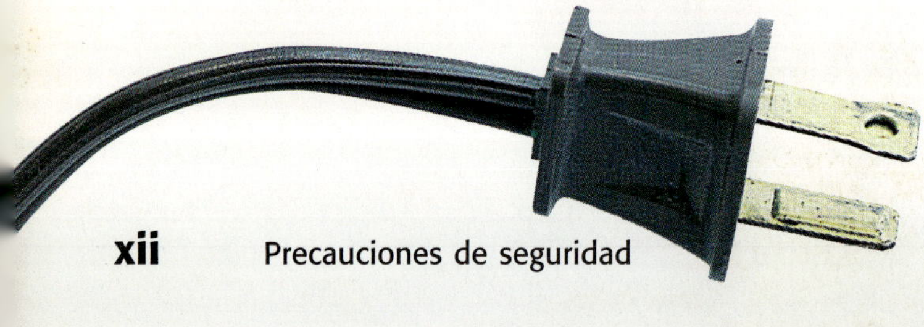

Compuestos químicos

Usa guantes de seguridad siempre que manipules cualquier compuesto químico, ácido o base potencialmente peligrosos. Si el compuesto químico te resulta desconocido, trátalo como si fuera una sustancia peligrosa. Usa un delantal y guantes protectores cuando trabajes con ácidos o bases y siempre que te lo indiquen. Si se derrama algún producto sobre tu piel o tu ropa, enjuágalo inmediatamente con agua durante al menos 5 minutos mientras llamas a tu maestro.

Nunca mezcles compuestos químicos a menos que te lo indique tu maestro. No pruebes, toques ni huelas compuestos químicos a menos que te lo ordenen específicamente. Antes de trabajar con un líquido o un gas inflamable, verifica que no haya ninguna fuente de llamas, chispas o calor.

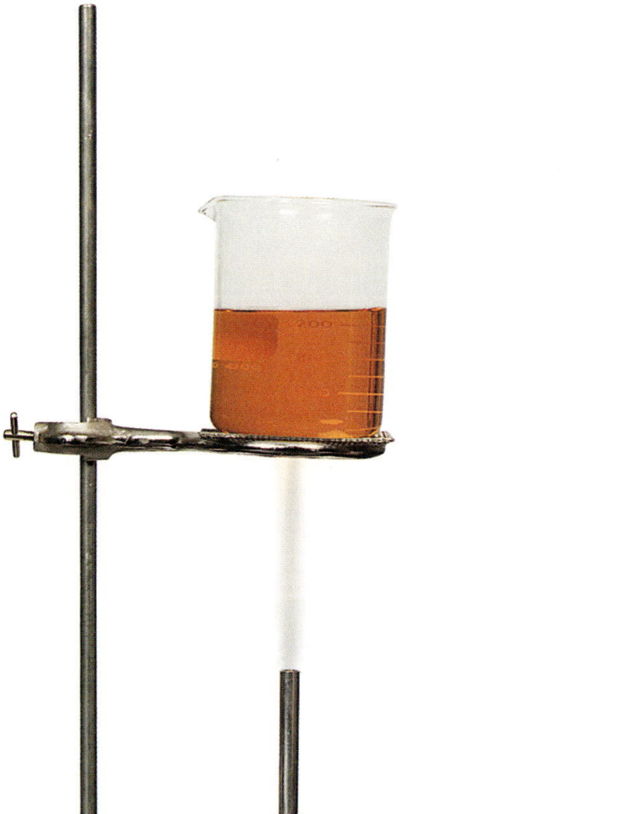

Cuidado de los animales y seguridad

Antes de llevar cualquier animal a la escuela, debes obtener siempre el permiso de tu maestro. Trata a los animales sólo de la manera que tu maestro te indica. Trátalos siempre con cuidado y respeto. Lávate bien las manos después de tocar cualquier animal.

Seguridad con las plantas

No ingieras ninguna parte de una planta ni de una semilla usada en el laboratorio. Lávate bien las manos después de manipular cualquier parte de una planta. Al hacer experimentos al aire libre, no recojas ninguna planta silvestre a menos que tu maestro te lo indique.

Objetos de vidrio

Examina todos los objetos de vidrio antes de usarlos. Asegúrate de que estén limpios y de que no tengan grietas ni astillas. Informa a tu maestro si hay algún objeto de vidrio dañado. Los recipientes de vidrio que se usan para calentar deben estar hechos con vidrio resistente al calor.

1

La interacción de los seres vivos

Acerca de la FOTO

El camaleón está por atrapar un insecto con su larga lengua. El cuerpo del camaleón puede cambiar de color para mimetizarse con los alrededores. Al confundirse con el ambiente, puede acercarse sigilosamente hasta su presa y mantenerse a salvo de animales que podrían comérselo.

ACTIVIDAD PARA ANTES DE LEER

NOTAS PLEGADAS

Tríptico Antes de leer el capítulo, prepara las notas plegadas en forma de "Tríptico", tal y como se explica en la sección **Destrezas de estudio** del Apéndice. Escribe lo que sepas sobre la interacción de los seres vivos en la columna titulada "Lo que sé". Luego, escribe lo que deseas saber en la columna titulada "Lo que quiero saber". Mientras lees el capítulo, escribe lo que vayas aprendiendo sobre la interacción de los seres vivos en la columna titulada "Lo que aprendí".

ACTIVIDAD INICIAL

¿Quién se come a quién?

En esta actividad aprenderás cómo interactúan los organismos para encontrar (o convertirse en) la próxima comida.

Procedimiento

1. En **cinco tarjetas,** escribe el nombre de cada uno de los siguientes organismos: orca, bacalao, krill, alga y foca.
2. Ordena las tarjetas en tu escritorio en forma de cadena mostrando quién se come a quién.
3. Anota el orden de tus tarjetas.
4. En la naturaleza, ¿esperarías ver más orcas o bacalaos? Ordena las tarjetas de grupos de organismos con más individuos a grupos con menos individuos.

Análisis

1. ¿Qué sucedería con los otros organismos si no hubiera algas en este grupo? ¿Qué sucedería si no hubiera orcas?
2. ¿Hay organismos en este grupo que se alimenten de más de un tipo de alimento? (Pista: ¿qué más podría comer una foca, un pez o una orca?) ¿Cómo podrías cambiar el orden de tus tarjetas para mostrar esta información? ¿Cómo podrías mostrar estas relaciones con trozos de cordel?

SECCIÓN 1

Todo está relacionado

Un caimán se desplaza por un río de Florida cubierto de malezas y observa a un pez largo y delgado llamado pez aguja. *El pez aguja se acerca demasiado. Después, en medio de un torbellino de aguas turbias, el caimán se traga el pez entero y se aleja lentamente.*

Cuando un organismo se come a otro, es evidente que han interactuado. Pero, los organismos interactúan de muchas formas además del simple hecho de "quién se come a quién". Por ejemplo, los caimanes cavan hoyos debajo del agua para refrescarse. Cuando los caimancs abandonan cstos hoyos, los peces y otros organismos acuáticos viven en ellos durante el seco período invernal.

PREPARACIÓN PARA LA LECTURA

Objetivos

- Diferencia los factores bióticos y abióticos del medio ambiente.
- Explica la relación entre poblaciones y comunidades.
- Describe cómo los factores abióticos del medio ambiente afectan los ecosistemas.

Términos clave

ecología
biótico
abiótico
población
comunidad
ecosistema
biosfera

ESTRATEGIA DE LECTURA

Organizador de lectura Mientras lees esta sección, haz un esquema. Usa los encabezados de la sección en tu esquema.

Estudiar la red de la vida

Todos los seres vivos están conectados en una red de la vida. Los científicos que estudian la red de la vida se especializan en la ciencia de la ecología. La **ecología** es el estudio de las interacciones de los organismos entre ellos y con su medio ambiente.

Las dos partes de un ambiente

El ambiente de un organismo consiste en todas las cosas que lo afectan. Estas cosas pueden dividirse en dos grupos. Todos los organismos que viven juntos e interactúan unos con otros forman la parte **biótica** del ambiente. La parte **abiótica** del ambiente está formada por los factores no vivos, como el suelo, el agua, la luz y la temperatura. ¿Cuántas partes bióticas y abióticas ves en la **figura 1**?

Figura 1 *El caimán afecta a muchos organismos de su ambiente y ellos, a su vez, lo afectan.*

Organización del ambiente

A primera vista, el ambiente puede parecer desorganizado. Sin embargo, como se ve en la **figura 2,** puede organizarse en diferentes niveles. El primer nivel está formado por los organismos individuales. El segundo nivel es más grande y está compuesto por organismos similares que forman una población. El tercer nivel está compuesto por diferentes poblaciones que forman una comunidad. El cuarto nivel está compuesto por una comunidad y su ambiente abiótico que forman un ecosistema. El quinto y último nivel incluye a todos los ecosistemas que forman la biosfera.

ecología el estudio de las interacciones de los seres vivos entre sí y con el ambiente

biótico describe a los factores vivos del ambiente

abiótico describe la parte sin vida del ambiente, e incluye al agua, las rocas, la luz y la temperatura

Figura 2 Los cinco niveles de organización ambiental

Experimento rápido

Conocer a los vecinos

1. Explora dos o tres cuadras de tu vecindario.
2. Dibuja un mapa con las características bióticas y abióticas de la zona. Por ejemplo, marca la ubicación de las aceras, las rocas grandes, los árboles, las características del agua y los animales que veas. Recuerda que debes tener cuidado al acercarte a las plantas y los animales. Usa el mapa para responder las siguientes preguntas.
3. ¿De qué manera los factores abióticos afectan a los factores bióticos?
4. ¿De qué manera los factores bióticos afectan a los factores abióticos?

población un grupo de organismos de la misma especie que viven en la misma área

comunidad todas las poblaciones de especies que viven e interactúan en un mismo hábitat

Poblaciones

Un pantano de agua salada, como el que se muestra en la **figura 3,** es un área costera en la que crecen plantas herbáceas. Cada animal forma parte de una **población** o un grupo de individuos de la misma especie que viven juntos. Por ejemplo, todos los gorriones costeros que viven en el mismo pantano de agua salada son miembros de una población. Los individuos de la población a menudo compiten entre sí por alimento, espacio para sus nidos y parejas.

Comunidades

Una **comunidad** consiste en todas las poblaciones de especies que viven e interactúan en un área. Los animales y plantas que ves en la **figura 3** forman la comunidad de un pantano de agua salada. Las poblaciones de una comunidad dependen una de otra para la alimentación, el refugio y muchas otras cosas.

Figura 3 *Observa la figura de un pantano de agua salada. Trata de encontrar ejemplos de todos los niveles de organización en este ambiente.*

Ecosistemas

Un **ecosistema** está formado por una comunidad de organismos y su ambiente abiótico. Un ecologista que estudia el ecosistema podría examinar cómo interactúan los organismos y cómo los afectan la temperatura, las precipitaciones y las características del suelo. Por ejemplo, los ríos que desembocan en un pantano de agua salada transportan nutrientes del suelo, como el nitrógeno. Estos nutrientes afectan el crecimiento de las algas y del pasto *Spartina.*

ecosistema una comunidad de organismos y su medio ambiente abiótico

biosfera la parte de la Tierra donde existe la vida

La biosfera

La **biosfera** es la parte de la Tierra en la que se desarrolla la vida. Se extiende desde las partes más profundas del océano hasta lo más alto que flotan las esporas en el aire. Los ecologistas estudian la biosfera para aprender cómo interactúan los organismos con el medio ambiente abiótico: la atmósfera terrestre, el agua, el suelo y las rocas. El agua en el medio ambiente abiótico incluye el agua dulce y el agua salada, así como también el agua congelada de los casquetes polares y de los glaciares.

Actividad en Internet

Para hacer otra actividad relacionada con este capítulo, visita **go.hrw.com** y escribe la palabra clave **HL5INTW** (Disponible sólo en inglés).

Comprensión de lectura **¿Qué es la biosfera?** (*Consulta en el Apéndice las respuestas de comprensión de lectura.*)

REPASO DE LA sección

Resumen

- Todos los seres vivos están conectados en una red de vida.
- La parte biótica de un ambiente está formada por todos los seres vivos que se encuentran en él.
- La parte abiótica de un ambiente está formada por todos los factores sin vida que se encuentran en él, como el agua y la luz.
- Un ecosistema está formado por una comunidad de organismos y su ambiente abiótico.

Usar términos clave

1. Define el término *ecología* en tus propias palabras.
2. Escribe una sola oración con los siguientes términos: *biótico* y *abiótico.*

Comprender las ideas principales

3. ¿Cuál de las siguientes opciones es el nivel más alto de organización ambiental?
   - a. ecosistema
   - b. comunidad
   - c. población
   - d. organismo
4. ¿En qué consiste una comunidad?
5. Da dos ejemplos de cómo los factores abióticos afectan un ecosistema.

Destrezas matemáticas

6. La biosfera se extiende alrededor de 9 km sobre el nivel del mar y 19 km por debajo del nivel del mar. ¿Cuántos metros de espesor tiene?

Razonamiento crítico

7. **Analizar relaciones** ¿Qué le pasaría al resto de los organismos en el ecosistema de un pantano de agua salada si súbitamente desapareciera el pasto *Spartina?*
8. **Identificar relaciones** Explica en tus propias palabras a qué se refieren las personas al decir que todo está relacionado.
9. **Analizar ideas** ¿Los ecosistemas tienen límites? Explica tu respuesta.

SCILINKS. NSTA
Desarrollo y mantenimiento a cargo de la Asociación Nacional de Maestros de Ciencias

Para ver diversos enlaces relacionados con este capítulo, visita www.scilinks.org

Tema*: Factores bióticos y abióticos; Organización del ambiente

Código de SciLinks: HSM0164, HSM1079

*(Sólo en inglés)

SECCIÓN 2

Los seres vivos necesitan energía

PREPARACIÓN PARA LA LECTURA

Objetivos

- Describe las funciones de los productores, consumidores y descomponedores dentro de un ecosistema.
- Diferencia una cadena alimenticia de una red alimenticia.
- Explica cómo fluye la energía a través de la red alimenticia.
- Describe cómo la extracción de una especie afecta a toda la red alimenticia.

Términos clave

herbívoro	cadena alimenticia
carnívoro	red alimenticia
omnívoro	pirámide de energía

ESTRATEGIA DE LECTURA

Organizador de lectura Mientras lees esta sección, haz una tabla para comparar productores, consumidores y descomponedores.

¿Piensas que podrías sobrevivir sólo con agua y vitaminas? La alimentación satisface el apetito porque te provee de algo sin lo cual no puedes vivir: energía.

Los seres vivos necesitan energía para sobrevivir. Por ejemplo, los perros de la pradera, que viven en las praderas de América del Norte, se alimentan de pasto y semillas para obtener la energía que necesitan. Todo lo que hacen los perros de la pradera demanda energía. Lo mismo ocurre con las plantas que crecen en la pradera donde viven.

Conectados por la energía

Los organismos, en una pradera o en cualquier comunidad, se dividen en tres grupos según su forma de obtener energía: productores, consumidores y descomponedores. Examina la **figura 1** para ver cómo se transmite la energía en el ecosistema.

Productores

Los organismos que usan la luz solar directamente para producir alimento se llaman *productores*. Producen alimento mediante un proceso denominado *fotosíntesis*. La mayoría de los productores son plantas, pero las algas y algunas bacterias también lo son. Las hierbas son las principales productoras en un ecosistema de la pradera. Ejemplos de productores en otros ecosistemas incluyen el pasto *Spartina* y las algas en un pantano de agua salada y los árboles en un bosque. Las algas son las principales productoras del océano.

Figura 1 *Los seres vivos obtienen energía del sol o alimentándose de otros organismos.*

Consumidores

Los organismos que se alimentan de otros organismos se denominan *consumidores*. Éstos no pueden usar la energía solar para producir su propio alimento como los productores. En cambio, los consumidores se alimentan de productores u otros animales para obtener energía. Existen varias clases de consumidores. Los consumidores que se alimentan sólo de plantas se llaman **herbívoros.** Entre los herbívoros de la pradera se encuentran los saltamontes, los perros de la pradera y los bisontes. Un **carnívoro** es un consumidor que se alimenta de animales. Entre los carnívoros de la pradera se encuentran los coyotes, los halcones, los tejones y las lechuzas. Los consumidores conocidos como **omnívoros** se alimentan tanto de plantas como de animales. El ratón saltamontes es un ejemplo de omnívoro. Se alimenta de insectos, lagartijas y semillas de césped.

Los *carroñeros* son omnívoros que se alimentan de plantas y animales muertos. El zopilote de cabeza roja es un carroñero de la pradera: se alimenta de los restos que dejan los coyotes después de haber matado y comido a un animal. Los carroñeros también se alimentan de animales y plantas muertos por causas naturales.

✓ Comprensión de lectura **¿Cómo se llaman los organismos que se alimentan de otros organismos?** (*Consulta en el Apéndice las respuestas de comprensión de lectura.*)

herbívoro un organismo que sólo come plantas

carnívoro un organismo que se alimenta de animales

omnívoro un organismo que come tanto plantas como animales

ACTIVIDAD

El juego de la cadena

Con la ayuda de uno de tus padres, haz una lista de los alimentos que ingeriste en tu última comida. Rastrea el origen de la energía de cada alimento hasta llegar al Sol. ¿Qué alimentos de tu lista eran consumidores? ¿Cuántos eran productores?

DE LA ESCUELA A CASA

Descomponedores

Los organismos que obtienen energía descomponiendo organismos muertos se denominan *descomponedores*. Las bacterias y los hongos son descomponedores. Estos organismos extraen la energía almacenada de los organismos muertos. Producen materiales simples, como el agua y el dióxido de carbono, que pueden usar otros seres vivos. Los descomponedores son importantes porque son los encargados de reciclar la naturaleza.

Consumidor Un zopilote de cabeza roja (carroñero) puede alimentarse con los restos que deja el coyote. Un carroñero puede dejar los huesos limpios de carne.

Descomponedor Las bacterias (descomponedoras) y los hongos que viven en el suelo descomponen los restos de los perros de la pradera que el coyote o el zopilote de cabeza roja no se hayan comido.

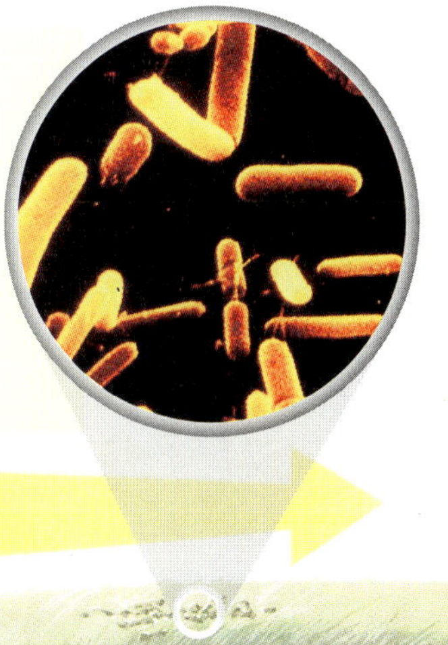

Cadenas alimenticias y redes alimenticias

cadena alimenticia la vía de transferencia de energía a través de varias etapas que ocurre como resultado de los patrones de alimentación de una serie de organismos

red alimenticia un diagrama que muestra las relaciones de alimentación entre los organismos de un ecosistema

En la **figura 1** de la página anterior se muestra una cadena alimenticia. Una **cadena alimenticia** es un diagrama que muestra cómo fluye la energía del alimento de un organismo a otro. Debido a que pocos organismos comen una sola clase de alimentos, son muy poco frecuentes las cadenas alimenticias simples.

Las conexiones de energía en la naturaleza se muestran con mayor precisión en una red alimenticia que en una cadena alimenticia. Una **red alimenticia** es un diagrama que muestra las relaciones de alimentación entre los organismos de un ecosistema. En la **figura 2** se muestra una red alimenticia simple. Observa que una flecha va del perro de la pradera hacia el coyote, lo que demuestra que el coyote se come al perro de la pradera. El perro de la pradera también es alimento para el puma. La energía se mueve de un organismo hacia el próximo en una sola dirección, aun en una red alimenticia. Toda energía no consumida inmediatamente por un organismo se almacena en sus tejidos. Sólo la energía almacenada en los tejidos de un organismo puede ser consumida por el próximo consumidor. Hay dos redes alimenticias principales sobre la Tierra: una red alimenticia terrestre y una red alimenticia acuática.

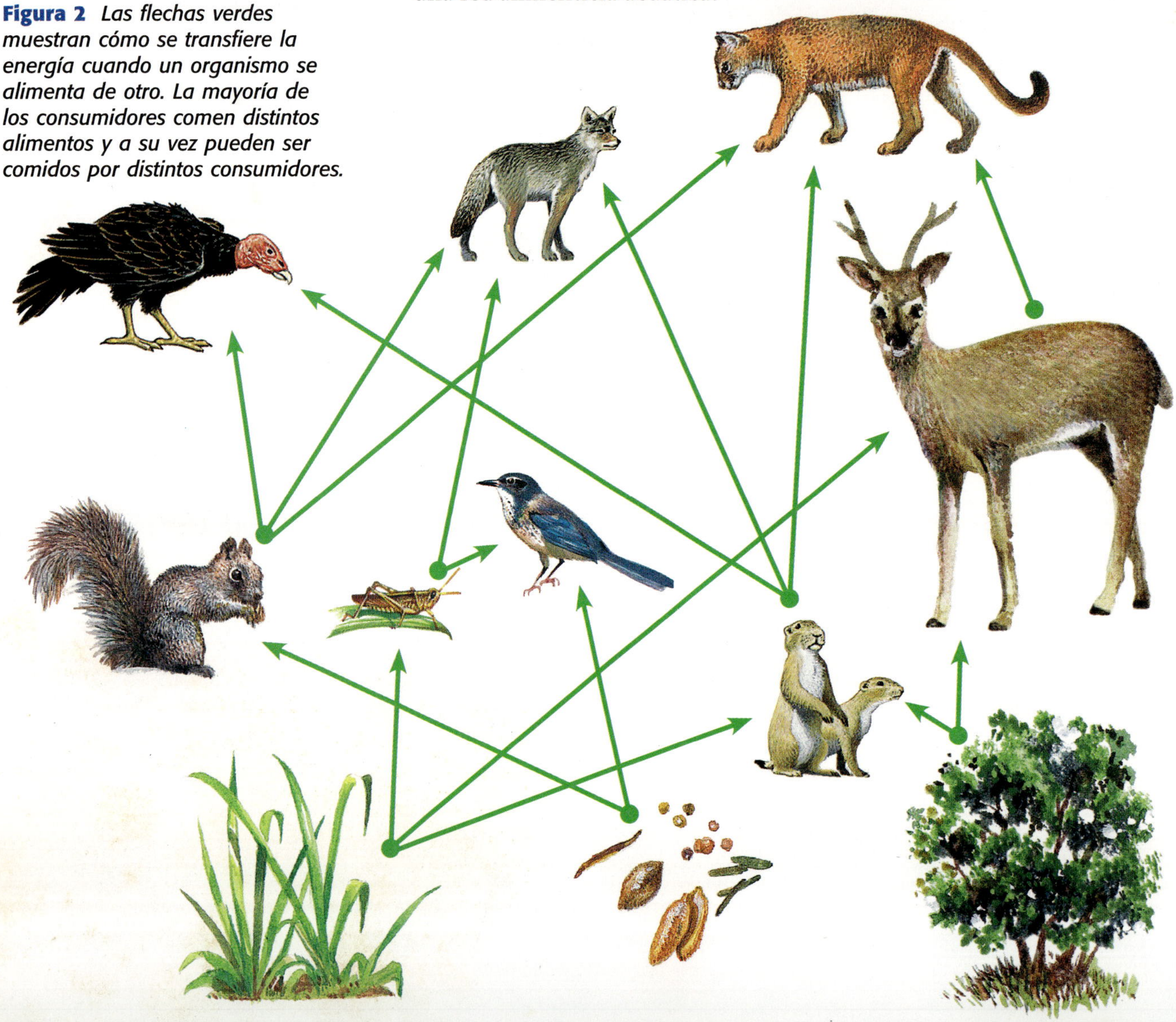

Figura 2 *Las flechas verdes muestran cómo se transfiere la energía cuando un organismo se alimenta de otro. La mayoría de los consumidores comen distintos alimentos y a su vez pueden ser comidos por distintos consumidores.*

Figura 3 *La pirámide representa la energía. Como puedes ver, hay más energía disponible en la base de la pirámide que en su cima.*

Pirámides de energía

El pasto usa la mayor parte de la energía que obtiene de la luz solar para sus propios procesos vitales, pero una parte de la energía queda almacenada en sus tejidos. Los perros de la pradera y otros animales que comen pasto usan esta energía. Los perros de la pradera usan la mayor parte de la energía obtenida del pasto y almacenan sólo una pequeña parte en sus tejidos. Por lo tanto, una población de perros de la pradera puede sustentar sólo a unos pocos coyotes. En la comunidad debe haber más pasto que perros de la pradera y más perros de la pradera que coyotes.

En una pirámide de energía se puede observar la energía en cada nivel de la cadena alimenticia. Una **pirámide de energía** es un diagrama que muestra la pérdida de energía de un ecosistema. En la **figura 3** se observa un ejemplo de una pirámide de energía. Como puedes ver, las pirámides de energía tienen una base amplia y una cima pequeña. En los niveles superiores hay menos energía disponible porque sólo la energía almacenada en los tejidos de un organismo puede transferirse al próximo nivel.

pirámide de energía un diagrama triangular que muestra la pérdida de energía que se produce en un ecosistema a medida que la energía pasa a través de la cadena alimenticia del ecosistema

Comprensión de lectura **¿Qué es una pirámide de energía?**

Figura 4 *A medida que se iba colonizando el área silvestre, la población del lobo gris de Estados Unidos declinaba.*

Los lobos y la pirámide de energía

Una especie puede ser muy importante para el flujo de energía en un ambiente. Los lobos grises de la **figura 4** son consumidores que controlan las poblaciones de muchos otros animales. La dieta de los lobos grises puede incluir desde una lagartija hasta un alce americano. Debido a que los lobos grises son depredadores que cazan animales grandes, están en la cima de la pirámide alimenticia.

Aunque alguna vez se extendieron por muchas partes de Estados Unidos, los lobos grises desaparecieron casi por completo cuando se colonizó el área silvestre. Sin los lobos, algunas especies, como el alce americano, ya no estaban controladas. La superpoblación de alces americanos en algunas áreas llevó al sobrepastoreo. El sobrepastoreo dejó muy poco pasto para sustentar al alce y a otras poblaciones que dependían del pasto para su alimentación. Pronto casi todas las poblaciones del área se vieron afectadas por la desaparición del lobo gris.

✓ *Comprensión de lectura* **¿Cómo se vieron afectados otros animales por la desaparición del lobo gris?**

Figura 5 *En las manadas pequeñas, sólo una hembra tiene crías y esas crías reciben la atención de todos los machos y hembras de la manada.*

Los lobos grises y la red alimenticia

Los lobos grises se volvieron a introducir en el Parque Nacional Yellowstone en 1995. Los lobos reintroducidos pronto comenzaron a reproducirse. En la **figura 5** se muestra a una loba cuidando a sus crías. El Servicio de Pesca y Vida Silvestre de Estados Unidos considera que la introducción de los lobos grises restaurará el flujo natural de energía en el área, equilibrará nuevamente las poblaciones y ayudará a restaurar la integridad natural del parque.

Sin embargo, no todos están de acuerdo con esta medida. Los rancheros que viven cerca de Yellowstone están preocupados por la seguridad de su ganado. Las vacas y las ovejas no constituyen la presa natural de los lobos. Sin embargo, los lobos se alimentan de ellas si tienen la oportunidad.

Equilibrio de los ecosistemas

A medida que se reestablecen los lobos en el Parque Nacional Yellowstone, se alimentan de alces viejos, heridos y enfermos. Este proceso está reduciendo el número de alces. Al disminuir la población de alces, crecen más plantas. Por lo tanto, también es mayor el número de animales que se alimentan de esas plantas, como las liebres, y de los animales que se alimentan de esas liebres, como los zorros.

Todos los organismos de una red alimenticia son importantes para la salud y el equilibrio del resto de los organismos de la red alimenticia. Sin embargo, el debate acerca de la introducción de los lobos en el Parque Nacional Yellowstone probablemente continuará durante muchos años.

PRÁCTICA de MATEMÁTICAS

Pirámides de energía

Dibuja una pirámide de energía del ecosistema de un río que tenga cuatro niveles: plantas acuáticas, larvas de insectos, mojarra de agallas azules y perca americana. Las plantas obtienen 10,000 unidades de energía de la luz solar. Si cada nivel usa el 90% de energía que recibe del nivel anterior, ¿cuántas unidades de energía quedan disponibles para la perca?

REPASO DE LA sección

Resumen

- Los productores fabrican su propio alimento con la energía de la luz solar.
- Los consumidores se alimentan de productores y otros organismos para obtener energía.
- Las cadenas alimenticias representan cómo se desplaza la energía de un organismo a otro.
- Todos los organismos son importantes para mantener el equilibrio de energía en la red alimenticia.
- Las pirámides de energía muestran cómo se pierde energía en cada nivel de la cadena alimenticia.

Usar términos clave

1. Escribe una oración distinta con cada uno de los siguientes términos: *herbívoros, carnívoros* y *omnívoros.*
2. Define los siguientes términos en tus propias palabras: *cadena alimenticia, red alimenticia* y *pirámide de energía.*

Comprender las ideas principales

3. Los herbívoros, los carnívoros y los carroñeros son ejemplos de
   a. productores.
   b. descomponedores.
   c. consumidores.
   d. omnívoros.
4. Explica la importancia que tienen los descomponedores en un ecosistema.
5. Describe cómo se relacionan en una cadena alimenticia los productores, los consumidores y los descomponedores.
6. Describe cómo fluye la energía a través de una red alimenticia.

Destrezas matemáticas

7. Las plantas de un ecosistema obtuvieron 20,810 Calorías de energía solar por año en cada metro cuadrado. Los herbívoros de este ecosistema se comieron todas las plantas pero obtuvieron sólo 3,370 Calorías de energía. ¿Cuánta energía usaron las plantas?

Razonamiento crítico

8. **Identificar relaciones** Dibuja dos cadenas alimenticias y describe cómo se unen para formar una red alimenticia.
9. **Aplicar conceptos** ¿Los consumidores están en la punta o en la base de una pirámide de energía? Explica tu respuesta.
10. **Predecir consecuencias** ¿Qué pasa si desaparece una especie de un ecosistema?

SCILINKS. NSTA

Desarrollo y mantenimiento a cargo de la Asociación Nacional de Maestros de Ciencias

Para ver diversos enlaces relacionados con este capítulo, visita www.scilinks.org

Tema*: Cadenas alimenticias y redes alimenticias

Código de SciLinks: HSM0594

*(Sólo en inglés)

SECCIÓN 3

Tipos de interacciones

Observa el bosque de algas marinas que se muestra en la **figura 1.** *¿Cuántos peces ves? ¿Y cuántas algas puedes contar? ¿Por qué piensas que hay más miembros en la población de algas que en la de peces?*

En las comunidades naturales, el tamaño de las poblaciones de diferentes organismos puede variar considerablemente. Esta variación ocurre porque cualquier elemento del ambiente afecta a todos los demás. Las poblaciones también afectan a todas las demás poblaciones.

PREPARACIÓN PARA LA LECTURA

Objetivos

- Explica la relación entre capacidad de carga y factores limitantes.
- Describe los dos tipos de competencia.
- Diferencia mutualismo, comensalismo y parasitismo. Da un ejemplo de coevolución.

Términos clave

capacidad de carga
presa
depredador
simbiosis
mutualismo
comensalismo
parasitismo
coevolución

ESTRATEGIA DE LECTURA

Organizador de lectura Mientras lees esta sección, haz un mapa de conceptos con los términos de la lista anterior.

Interacciones con el ambiente

La mayoría de los seres vivos producen más crías que las que podrán sobrevivir. Una rana, por ejemplo, puede poner cientos de huevos en un pequeño estanque. En unos pocos meses, la población de ranas en ese estanque tendrá aproximadamente el mismo tamaño que el año anterior. ¿Por qué las ranas no van a invadir el estanque? Un organismo, como la rana, interactúa con los factores bióticos y abióticos de su ambiente que controlan el tamaño de su población.

Factores limitantes

Las poblaciones no pueden crecer sin parar porque en el ambiente hay una cantidad limitada de alimentos, agua, espacio para vivir y otros recursos. Un recurso tan escaso que limita el tamaño de una población se llama *factor limitante.* Por ejemplo, el alimento se convierte en un factor limitante cuando la población es demasiado grande para la cantidad de alimento disponible. Cualquier recurso puede convertirse en un factor limitante para el tamaño de una población.

Figura 1 *Este bosque de algas marinas es el hogar de muchas especies que interactúan entre sí.*

Capacidad de carga

Se llama **capacidad de carga** a la máxima cantidad de población que puede soportar un ambiente. Cuando una población es mayor que la capacidad de carga, los factores limitantes del medio ambiente hacen que los individuos mueran o se vayan. A medida que los individuos mueren o se van, la población decrece.

capacidad de carga la población más grande que puede sostener un ambiente en cualquier momento

Por ejemplo, después de una temporada de lluvias, las plantas pueden producir una gran cantidad de hojas y semillas. Esta gran cantidad de alimento puede provocar el crecimiento de la población de herbívoros. Si en el año siguiente las precipitaciones son menores, el alimento no alcanzará para sustentar a esta gran población de herbívoros. De esta manera, una población puede crecer más que la capacidad de carga, pero sólo por poco tiempo. Un factor limitante reducirá la población y ésta regresará a un tamaño que el ambiente pueda sustentar.

Interacciones entre organismos

Las poblaciones tienen individuos de una misma especie que interactúan entre sí, tales como un grupo de conejos que se alimentan en la misma zona. Las comunidades tienen poblaciones que interactúan entre sí, como un arrecife de coral con muchas especies de corales que tratan de encontrar espacio para vivir. Los ecologistas han descrito cuatro maneras en que las especies y los individuos se afectan unos a otros: competencia, depredadores y presa, relaciones simbióticas y coevolución.

Comprensión de lectura **Menciona cuatro maneras importantes en que los organismos se afectan unos a otros.** (*Consulta en el Apéndice las respuestas de comprensión de lectura.*)

Competencia

Cuando dos o más individuos o poblaciones tratan de usar el mismo recurso, como alimento, agua, refugio, espacio o luz solar, se habla de *competencia*. Debido a que los recursos del ambiente son limitados, su uso por parte de un individuo o población disminuye la cantidad disponible para otros organismos.

La competencia se produce entre individuos *dentro* de una población. Los alces americanos del Parque Nacional de Yellowstone son herbívoros que compiten unos con otros por las mismas plantas del parque. En el invierno, esta competencia se convierte en un gran problema porque mueren muchas plantas.

La competencia también se produce *entre* poblaciones. Las diferentes especies de árboles de la **figura 2** compiten entre sí por luz solar y espacio.

Figura 2 *Algunos de los árboles de este bosque crecen muy alto para captar la luz solar, lo que reduce la cantidad de luz solar disponible para los árboles más bajos que están cerca.*

Depredadores y presa

presa un organismo al que otro organismo mata para alimentarse de él

depredador un organismo que se alimenta de otro organismo o de parte de él

Muchas interacciones entre especies consisten en un organismo que se alimenta de otro. El organismo que sirve de alimento se llama **presa.** El organismo que se alimenta de la presa se llama **depredador.** Cuando un pájaro se come a un gusano, el gusano es la presa y el pájaro es el depredador.

Adaptaciones de los depredadores

Para sobrevivir, los depredadores deben poder capturar a sus presas. Los depredadores cuentan con muchos métodos y habilidades para hacerlo. El guepardo, por ejemplo, puede correr muy rápido para capturar a su presa. La velocidad del guepardo le otorga ventaja sobre los demás depredadores que compiten por la misma presa.

Otros depredadores, como la araña cangrejo que se muestra en la **figura 3,** emboscan a su presa. La araña cangrejo se mezcla tan bien con la flor de la vara de oro que lo único que tiene que hacer es esperar a que llegue su próximo alimento.

Figura 3 *Al insecto presa de la araña cangrejo le cuesta mucho verla. ¿Tú puedes?*

Adaptaciones de las presas

Las presas tienen sus propios métodos y habilidades para evitar que se las coman. Las presas pueden correr, permanecer en grupo o camuflarse. Algunas presas son venenosas y pueden indicarlo con colores brillantes que advierten a los depredadores que se mantengan alejados. La salamandra que se muestra en la **figura 4** rocía un veneno que quema. Los depredadores aprenden rápidamente a reconocer su *coloración de advertencia.*

Muchos animales se alejan de los depredadores. Los perros de la pradera corren a sus madrigueras subterráneas cuando se acerca un depredador. Muchos peces pequeños, como las anchoas, nadan en grupos llamados *cardúmenes.* Los antílopes y los búfalos permanecen en manadas. Todos los ojos, oídos y narices de los individuos del grupo están observando, escuchando y oliendo a los depredadores. Este comportamiento aumenta la probabilidad de detectar a un posible depredador.

Figura 4 *¡Muchos depredadores saben que no deben comer a la salamandra! Este colorido animal puede enfermar gravemente a un depredador.*

Camuflaje

Una de las formas en que los animales evitan ser comidos es haciéndose difíciles de ver. Los conejos suelen quedarse inmóviles para que su color natural se mezcle con un fondo de arbustos o césped. Se denomina *camuflaje* a la acción de mezclarse con el ambiente. Muchos animales simulan ser ramas, hojas, piedras, corteza u otros objetos del ambiente. El insecto palo parece una rama. Algunos de estos insectos incluso oscilan suavemente como si soplara una brisa.

✓ Comprensión de lectura **¿Qué es el camuflaje y de qué manera sirve para impedir que se coman a un animal?**

Compuestos químicos de defensa

Las espinas del puercoespín son una clara señal de problemas para un posible depredador, pero hay otras defensas menos obvias. Algunos animales se defienden con compuestos químicos. El zorrillo y el escarabajo bombardero rocían a sus depredadores con sustancias químicas irritantes. Las abejas, las hormigas y las avispas inyectan un ácido poderoso en sus atacantes. La piel de la ranita venenosa y la de un pájaro llamado *pitojuí encapuchado* tienen una toxina mortal. Cualquier depredador que, se coma o intente comerse, a uno de estos animales, probablemente morirá.

CONEXIÓN CON las ciencias ambientales

Simuladores Algunos animales son simuladores. No tienen compuestos químicos de defensa, pero usan la coloración de advertencia en beneficio propio. La serpiente escarlata tiene rayas coloridas que la hacen parecerse a la serpiente coral, que es venenosa. Aunque la serpiente escarlata es inofensiva, los depredadores ven sus colores brillantes y se alejan. ¿Qué sucedería si hubiera más simuladores que animales con verdaderas sustancias químicas de defensa?

Coloración de advertencia

Los animales que tienen una defensa química necesitan una forma de advertir a los depredadores que deberían buscar alimento en otro lugar. Sus armas químicas se anuncian a menudo con colores brillantes, como se muestra en la **figura 5.** Los depredadores evitarán cualquier animal con los colores y patrones asociados con dolor, enfermedad o experiencias desagradables. Entre los colores de advertencia más comunes se encuentran las gamas brillantes del rojo, el amarillo, el naranja, el negro y el blanco.

Figura 5 *La coloración de advertencia de la avispa chaqueta amarilla (izquierda) y del pitojuí (arriba) les indican a los depredadores que son peligrosos.*

Simbiosis

Algunas especies tienen interacciones muy estrechas con otras. La **simbiosis** es una relación estrecha y a largo plazo entre dos o más especies. Cuando los individuos mantienen una relación simbiótica existen tres posibilidades: que se beneficien, que no se vean afectados o que se vean perjudicados por la relación. A menudo una especie vive dentro de otras especies o sobre ellas. Las miles de relaciones simbióticas de la naturaleza se suelen clasificar en tres grupos: mutualismo, comensalismo y parasitismo.

simbiosis una relación en la que dos organismos diferentes viven estrechamente asociados uno con el otro

mutualismo una relación entre dos especies en la que ambas se benefician

comensalismo una relación entre dos organismos en la que uno se beneficia y el otro no se ve afectado

Mutualismo

Se denomina **mutualismo** a una relación simbiótica en la que ambos organismos se benefician. Por ejemplo, ¡tú y una especie de bacteria que vive en tus intestinos se benefician mutuamente! La bacteria extrae el alimento de ti y tú obtienes las vitaminas que la bacteria produce.

Otro ejemplo de mutualismo es el que ocurre entre los corales y las algas. Las algas viven en el coral cerca de la superficie del agua. Las algas producen alimento para el coral por medio de la fotosíntesis. Cuando un coral muere, otros corales usan su esqueleto. Durante mucho tiempo, estos esqueletos construyen grandes formaciones que yacen bajo la superficie de mares cálidos, como el que se ve en la **figura 6.**

Figura 6 *En la foto circular de arriba puedes ver las algas de color dorado dentro del coral.*

✓ Comprensión de lectura **¿Qué organismo se beneficia con el mutualismo?**

Comensalismo

Se denomina **comensalismo** a una relación simbiótica en la que un organismo se beneficia y el otro no se ve afectado. Un ejemplo de comensalismo es la relación entre los tiburones y unos peces más pequeños llamados *rémoras*. En la **figura 7** se muestra un tiburón con una rémora adherida al cuerpo. Las rémoras "viajan en tiburón" y se alimentan con los restos de comida que dejan los tiburones. Las rémoras se benefician con esta relación mientras que los tiburones no se ven afectados.

Figura 7 *La rémora adherida al tiburón se beneficia con esta relación, mientras que el tiburón no se beneficia ni se ve perjudicado.*

Figura 8 *Este gusano del tomate tiene avispas jóvenes parásitas. ¿Ves sus capullos?*

Parasitismo

Se denomina **parasitismo** a la asociación simbiótica en la que un organismo se beneficia y el otro se ve perjudicado. El organismo beneficiado se llama *parásito.* El organismo perjudicado se llama *huésped.* El parásito se nutre de su huésped, mientras que el huésped se debilita. A veces, el huésped muere. Algunos parásitos, como las garrapatas, viven fuera del cuerpo, del huésped. Otros, como las tenias, viven dentro del cuerpo del huésped.

En la **figura 8** se muestra una oruga de color verde brillante llamada *gusano del tomate.* Una avispa depositó huevos pequeños sobre la oruga. Cuando las avispas jóvenes salen del huevo, se esconden dentro del cuerpo de la oruga. ¡En realidad las avispas jóvenes se comen viva a la oruga! En poco tiempo, las avispas se habrán comido a casi toda la oruga y ésta morirá. Cuando esto ocurra, las avispas adultas se alejarán.

En este ejemplo de parasitismo, el huésped muere. La mayoría de los parásitos, sin embargo, no matan a sus huéspedes. No lo hacen porque dependen de ellos. Si el parásito matara a su huésped, tendría que conseguir un huésped nuevo.

parasitismo una relación entre dos especies en la que una, el parásito, se beneficia de la otra, el huésped, que resulta perjudicada

coevolución la evolución de dos especies que se debe a su influencia mutua, a menudo de un modo que hace que la relación sea más beneficiosa para ambas

Coevolución

Las relaciones entre los organismos cambian con el tiempo. Las interacciones también pueden cambiar a los organismos en sí mismos. Se denomina **coevolución** al cambio a largo plazo que ocurre en dos especies debido a sus estrechas interrelaciones.

La hormiga y la acacia que se muestran en la **figura 9** tienen una relación de mutualismo. Las hormigas protegen al árbol porque atacan a otros organismos que se acercan a él. El árbol tiene estructuras especiales que producen alimento para las hormigas. Las hormigas y la acacia pueden haber coevolucionado debido a las interacciones entre las dos especies. La coevolución puede producirse entre cualquiera de los organismos que viven en estrecha conexión, pero los cambios ocurren a muy largo plazo.

Figura 9 *Las hormigas recogen el alimento que produce la acacia y lo almacenan en su refugio, que también es el árbol.*

La coevolución y las flores

Un *polinizador* es un organismo que transporta polen de una flor a otra. La mayoría de las plantas dependen de la polinización para reproducirse.

Las flores han cambiado durante millones de años para atraer a los polinizadores. Los polinizadores, como las abejas, los murciélagos y los colibríes, pueden sentirse atraídos hacia una flor por su color, olor o néctar. Las flores polinizadas por el colibrí producen néctar con la cantidad de azúcar adecuada para el pájaro. Los colibríes tienen picos largos que les permiten beber el néctar.

Algunos murciélagos, como el que se muestra en la **figura 10,** desarrollaron con el tiempo lenguas y narices largas y finas que los ayudan a alcanzar el néctar en las flores. A medida que el murciélago se alimenta del néctar, su nariz se cubre de polen. La próxima flor con la cual se alimente quedará polinizada con el polen extraído de esta flor. La nariz larga lo ayuda a alimentarse y lo convierte en un mejor polinizador.

Debido a que las flores y sus polinizadores han interactuado tan estrechamente durante millones de años, hay muchos ejemplos de coevolución entre ellos.

✓ *Comprensión de lectura* **¿Por qué las flores necesitan atraer a los polinizadores?**

CONEXIÓN CON los estudios sociales

Conejos en Australia En 1859, los pobladores australianos liberaron 12 conejos. Había mucho alimento y no había depredadores naturales para esos animales. La población de conejos creció tan rápido que el país se vio invadido por ellos. Más tarde, el gobierno de Australia introdujo un virus para controlar la población. La primera vez que se usó el virus, más del 99% de los conejos murieron. Los sobrevivientes se reprodujeron y la población de conejos creció nuevamente. La segunda vez que se usó el virus, murieron alrededor del 90% de los conejos. Una vez más, la población de conejos aumentó. La tercera vez que se usó el virus, sólo murieron alrededor del 50% de los conejos. Sugiere qué cambios pueden haber ocurrido en los conejos y en el virus.

Figura 10 *Este murciélago está bebiendo néctar con su lengua larga y fina. El murciélago ha coevolucionado con la flor durante millones de años.*

REPASO DE LA sección

Resumen

- Los factores limitantes del ambiente evitan que una población crezca indefinidamente.
- Se denomina *competencia* a la situación en la que dos o más individuos o poblaciones intentan usar el mismo recurso.
- Un depredador es un organismo que se alimenta de otro organismo o de una parte de éste. El organismo que sirve de alimento se denomina *presa.*
- Las presas han desarrollado características como el camuflaje, las defensas químicas y los colores de advertencia para protegerse de los depredadores.
- La simbiosis ocurre cuando, con el tiempo, dos o más organismos forman una relación muy cercana.
- El resultado de una relación cercana y muy prolongada puede ser la coevolución. Por ejemplo, las flores y sus polinizadores han desarrollado características que los benefician a ambos.

Usar términos clave

1. Define el término *capacidad de carga* en tus propias palabras.
2. Escribe una oración distinta con cada uno de los siguientes términos: *mutualismo, comensalismo* y *parasitismo.*

Comprender las ideas principales

3. ¿Cuál de las siguientes opciones NO es una adaptación de las presas?
   - **a.** camuflaje
   - **b.** defensas químicas
   - **c.** coloración de advertencia
   - **d.** parasitismo
4. Identifica dos cosas por las cuales los organismos compiten entre sí.
5. Describe brevemente un ejemplo de relación entre un depredador y una presa. Identifica a cada uno.

Razonamiento crítico

6. **Comparar** Compara la coevolución con la simbiosis.
7. **Identificar relaciones** Explica la relación que probablemente exista entre la flor gigante Rafflesia, que tiene olor a carne en descomposición, y las moscas de carroña que zumban a su alrededor. (Pista: *carroña* significa "carne en descomposición".)
8. **Predecir consecuencias** Predice qué podría pasar si se quitaran todas las hormigas de una acacia.

Interpretar gráficas

La gráfica de población muestra el crecimiento de una especie de paramecio (microorganismo unicelular) durante 18 días. De vez en cuando, se agregó alimento al tubo de ensayo. Consulta la gráfica para contestar las siguientes preguntas.

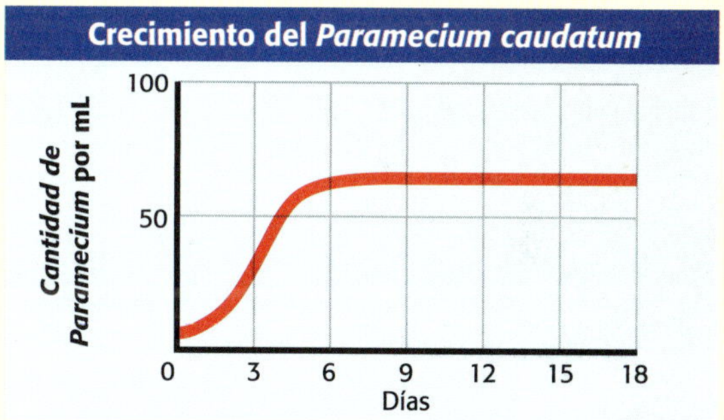

9. ¿Qué capacidad de carga tiene el tubo de ensayo siempre que se le agregue alimento?
10. Predice qué sucederá si no se agrega más alimento.
11. ¿Qué mantiene estable a la cantidad de paramecios?

SCILINKS® NSTA
Desarrollo y mantenimiento a cargo de la Asociación Nacional de Maestros de Ciencias

Para ver diversos enlaces relacionados con este capítulo, visita www.scilinks.org
Tema*: Depredador/Presa; Coevolución
Código de SciLinks: HSM1205; HSM0309

*(Sólo en inglés)

Laboratorio de destrezas

Atrapar el frijol silvestre

OBJETIVOS

Estima el tamaño de una "población" de frijoles.

Calcula la diferencia entre tu estimación y la verdadera cantidad de frijoles.

MATERIALES

- bolsa de papel para el almuerzo, pequeña
- calculadora (opcional)
- frijoles pintos
- marcador permanente

Cuando los biólogos que estudian la vida silvestre investigan un grupo de organismos de un área, necesitan saber cuántos organismos viven allí. A veces los biólogos se preocupan cuando un cierto organismo está creciendo más que la capacidad de carga del ambiente. Otras veces, los biólogos necesitan saber si un organismo está desapareciendo para tomar medidas para protegerlo. Sin embargo, los animales pueden ser difíciles de contar porque se mueven y se esconden. Debido a este desafío, los biólogos han desarrollado métodos para determinar el número de animales en un área específica. Uno de estos métodos se llama *método de captura-recaptura.*

En esta actividad, ingresarás al territorio del frijol pinto silvestre para estimar el número de frijoles que viven en el hábitat de una bolsa de papel.

Procedimiento

1. Prepara una tabla de datos como la que aparece a continuación.

Tabla de datos de captura-recaptura

Número de animales en la primera captura	Número total de animales en la recaptura	Número de animales marcados en la recaptura	Cálculo estimativo de la población	Población total real
	NO ESCRIBAS EN EL LIBRO.			

2. Tu maestro te dará una bolsa de papel con una cantidad desconocida de frijoles. Ábrela con cuidado y saca un puñado.

3. Cuenta el número de frijoles que "capturaste". Anota este número en tu tabla de datos bajo el título "Número de animales en la primera captura".

4. Usa el marcador para marcar cuidadosamente cada frijol que hayas contado. Deja que las marcas se sequen por completo y después coloca los frijoles nuevamente dentro de la bolsa.

5. Mezcla los frijoles suavemente para que las marcas no se borren. Una vez más, abre la bolsa. "Captura" y extrae un puñado de frijoles.

6. Cuenta el número de frijoles que "recapturaste". Anota el número en tu tabla de datos bajo el título "Número total de animales en la recaptura".

7. Cuenta los frijoles de la recaptura que tengan marcas de la primera captura. Anota el número en tu tabla de datos bajo "Número de animales marcados en la recaptura".

8. Realiza un cálculo estimativo del número total de frijoles que se encuentran en la bolsa usando la siguiente ecuación:

$$\frac{\text{número de frijoles en la recaptura} \times \text{número de frijoles marcados}}{\text{número de frijoles marcados en la recaptura}} = \text{cálculo estimativo de la población}$$

Ingresa este número en tu tabla de datos bajo "Cálculo estimativo de la población".

9. Coloca todos los frijoles en la bolsa. Después, vacía la bolsa sobre la mesa de trabajo. ¡Ten cuidado de que no se escape ninguno! Coloca los frijoles de a uno en la bolsa y cuéntalos. Anota el número en tu tabla de datos bajo "Población total real".

Analiza los resultados

1. **Evaluar resultados** ¿Cuán aproximado fue tu cálculo con respecto al número real de frijoles?

Saca conclusiones

2. **Evaluar métodos** Si tu cálculo estimativo no fue muy aproximado al número real de frijoles, ¿cómo podrías cambiar tu procedimiento de captura-recaptura? Si no recapturaste ningún frijol marcado, ¿cuál podría ser la causa?

Aplicar los datos

¿Cómo podrías usar el método de captura-recaptura para estimar la población de tortugas de un pequeño estanque? Explica tu procedimiento.

Repaso del capítulo

USAR TÉRMINOS CLAVE

1. Escribe una oración distinta con cada uno de los siguientes términos: *simbiosis, mutualismo, comensalismo* y *parasitismo.*

Escoge el término correcto del banco de palabras para completar las siguientes oraciones.

bióticos	abióticos
ecosistema	comunidad

2. En el ambiente se encuentran factores ____ que incluyen el agua, las rocas y la luz.
3. En el ambiente también se encuentran factores _____, o vivos.
4. Una comunidad de organismos y su ambiente se denominan _____.

Explica la diferencia entre los siguientes pares de términos.

5. *comunidad* y *población*
6. *ecosistema* y *biosfera*
7. *productores* y *consumidores*

COMPRENDER LAS IDEAS PRINCIPALES

Opción múltiple

8. Una garrapata le chupa la sangre a un perro. En esta relación, la garrapata es el/la _____ y el perro es el/la _____.
   - **a.** parásito, presa
   - **b.** depredador, huésped
   - **c.** parásito, huésped
   - **d.** huésped, parásito
9. Es posible que los recursos como el agua, el alimento y la luz solar sean factores limitantes
   - **a.** cuando la población se reduce.
   - **b.** cuando los depredadores se comen a su presa.
   - **c.** cuando la población es pequeña.
   - **d.** cuando una población se acerca a la capacidad de carga.
10. Los recicladores de la naturaleza son los
    - **a.** depredadores.
    - **b.** descomponedores.
    - **c.** productores.
    - **d.** omnívoros.
11. Una asociación beneficiosa entre el coral y las algas es un ejemplo de
    - **a.** comensalismo.
    - **b.** parasitismo.
    - **c.** mutualismo.
    - **d.** depredación.
12. El proceso por el cual la energía se desplaza por un ecosistema se puede representar a través de
    - **a.** las cadenas alimenticias.
    - **b.** las pirámides de energía.
    - **c.** las redes alimenticias.
    - **d.** Todas las anteriores
13. ¿Qué organismos representan la base de la pirámide de energía?
    - **a.** productores
    - **b.** carnívoros
    - **c.** herbívoros
    - **d.** carroñeros
14. ¿Cuál de las siguientes opciones representa el orden correcto de una cadena alimenticia?
    - **a.** Sol→productores→herbívoros→carroñeros→carnívoros
    - **b.** Sol→consumidores→depredadores→parásitos→huéspedes
    - **c.** Sol→productores→descomponedores→consumidores→omnívoros
    - **d.** Sol→productores→herbívoros→carnívoros→carroñeros

15 La relación entre las rémoras y los tiburones es de

a. mutualismo.
b. comensalismo.
c. depredador y presa.
d. parasitismo.

Respuesta breve

16 Describe cómo circula la energía a través de una red alimenticia.

17 Explica cómo cambió la red alimenticia cuando desapareció el lobo gris del Parque Nacional Yellowstone.

18 ¿En qué se parecen la competencia entre dos árboles de la misma especie y la competencia entre dos especies de árboles distintas?

19 ¿De qué manera afectan los factores limitantes a la capacidad de carga de un ambiente?

20 ¿Qué es la coevolución?

RAZONAMIENTO CRÍTICO

21 **Mapa de conceptos** Haz un mapa de conceptos con los siguientes términos: *herbívoros, organismos, productores, poblaciones, ecosistemas, consumidores, comunidades, carnívoros* y *biosfera.*

22 **Identificar relaciones** ¿Un ecosistema equilibrado puede incluir productores y consumidores pero no descomponedores? ¿Por qué?

23 **Predecir consecuencias** Según algunos biólogos, ciertas especies, como los caimanes y los lobos, ayudan a mantener la diversidad biológica en sus ecosistemas. Predice qué les podría suceder a otros organismos, como el pez aguja o la garza, si se extinguieran los caimanes de los Everglades de Florida.

24 **Expresar opiniones** ¿Crees que existe una capacidad de carga para los seres humanos? ¿Por qué?

INTERPRETAR GRÁFICAS

Consulta la pirámide de energía para contestar las siguientes preguntas.

25 Según la pirámide de energía, ¿hay más perros de las praderas o plantas?

26 ¿En qué nivel hay más energía?

27 ¿Existirá en la naturaleza una pirámide de energía como ésta?

28 ¿Cómo puedes modificar esta pirámide para que represente un posible ecosistema verdadero?

Preparación para los exámenes estandarizados

LECTURA

Lee los siguientes pasajes. Luego, contesta las preguntas correspondientes.

Pasaje 1 Cuando dos o más individuos o poblaciones tratan de usar el mismo recurso, como alimento, agua, refugio, espacio o luz solar, se habla de *competencia*. Debido a que los recursos del ambiente son limitados, su uso por parte de un individuo o población disminuye la cantidad disponible para otros organismos. La competencia se produce entre individuos dentro de una población. Los alces americanos del Parque Nacional Yellowstone son herbívoros que compiten unos con otros por las mismas plantas del parque.

1. Según el pasaje, ¿entre cuáles de las siguientes opciones se produce la competencia?

A individuos que tratan de usar el mismo recurso
B alces y carnívoros
C alimento y refugio
D individuos que tratan de usar diferentes recursos

2. Según el pasaje, alimento, agua, refugio, espacio y luz solar son ejemplos de

F poblaciones.
G cosas que se encuentran en el Parque Nacional Yellowstone.
H competencia.
I recursos.

3. ¿Cuál de las siguientes oraciones es verdadera según el pasaje?

A La competencia se produce sólo entre individuos de diferentes poblaciones.
B La competencia se produce entre individuos de una misma población y entre individuos de diferentes poblaciones.
C La competencia aumenta la cantidad de recursos disponibles para los individuos.
D Debido a la abundancia de recursos del ambiente, la competencia rara vez ocurre entre individuos de diferentes poblaciones.

Pasaje 2 En los desiertos del norte de África y Medio Oriente, el agua es un recurso escaso y valioso. En esta área no hay cursos de agua permanentes, excepto el Nilo. Más de 1.6 millones de kilómetros cuadrados en esta región no tienen precipitaciones durante años. Sin embargo, gran parte de esta área tiene grandes acuíferos. El agua que contienen estos acuíferos proviene de tiempos mucho más húmedos, hace miles de años. A veces, el agua alcanza la superficie y forma un oasis. El resto del agua que se usa en la región proviene de pozos. En algunas zonas de Arabia Saudita y Kuwait, en los pozos que se perforan para extraer agua se suele descubrir petróleo.

1. Según el pasaje, ¿qué recurso tiene un acuífero?

A petróleo
B agua
C pozos
D oasis

2. ¿Cuál de las siguientes oraciones es verdadera según el pasaje?

F El Nilo ya no fluye por el norte de África y Medio Oriente.
G El agua que se encuentra en los acuíferos proviene de lluvias recientes.
H En los pozos perforados en Arabia Saudita y Kuwait se descubre más frecuentemente petróleo que agua.
I En las zonas desérticas del norte de África y Medio Oriente se producen precipitaciones casi todos los días.

3. Según el pasaje, ¿un oasis se forma bajo qué condiciones?

A cuando el agua permanece bajo la superficie
B cuando el agua se extrae de un pozo
C cuando llueve
D cuando el agua alcanza la superficie

INTERPRETAR GRÁFICAS

Las siguientes gráficas muestran el crecimiento de dos poblaciones. Consúltalas para contestar las siguientes preguntas.

Crecimiento de la población A

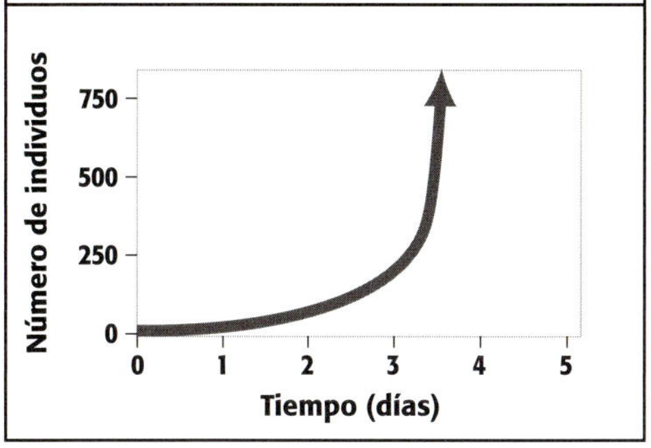

Crecimiento de la población B

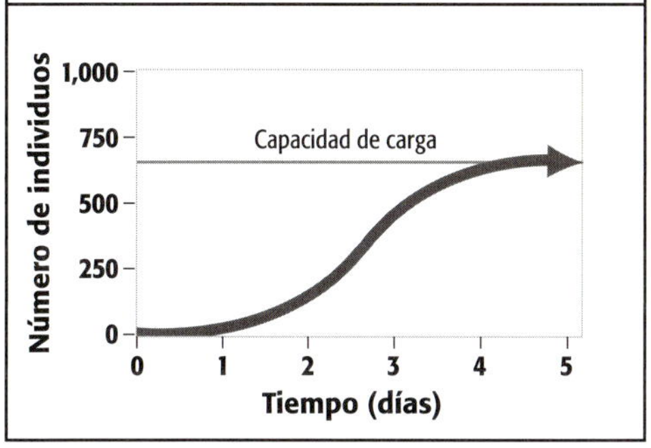

1. Después de 2 días, ¿qué población tiene más individuos?

A La población A tiene más individuos.
B La población B tiene más individuos.
C Las poblaciones son iguales.
D Falta información para contestar la pregunta.

2. Después de 5 días, ¿qué población tiene más individuos?

F La población A tiene más individuos.
G La población B tiene más individuos.
H Las poblaciones son iguales.
I Falta información para contestar la pregunta.

3. En el día 10, ¿qué oración es probablemente verdadera?

A La población B es más grande que la población A.
B La población A es igual que en el día 5.
C Las poblaciones A y B son iguales.
D La población B es igual que en el día 5.

MATEMÁTICAS

Lee las siguientes preguntas y escoge la mejor respuesta.

1. La siguiente figura es un mapa de un ecosistema de un bosque. ¿Cuál es el área de este ecosistema?

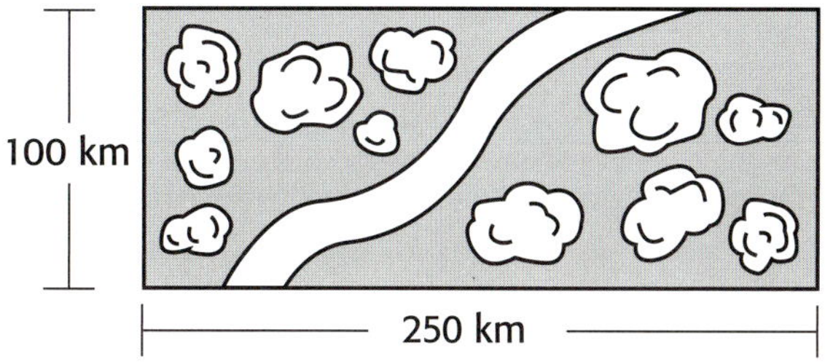

A 25,000 km^2
B 32,000 km
C 1,200 km^2
D 2,500 km

2. Si un antílope come 7 kg de vegetación en 2 días, ¿cuántos kg de vegetación come por día?

F 2/7 kg
G 3/5 kg
H 3 1/2 kg
I 7 1/2 kg

3. Si $x = 3$ e $y = x + 2$, ¿cuánto vale y?

A 2
B 4
C 5
D 8

4. Si $x = 4$ e $y = x + 2$, ¿cuánto vale y?

F 2
G 5
H 6
I 8

La ciencia en acción

Debate científico

¿Cómo se convirtieron los perros en mascotas?

¿Los seres humanos cambiaron a los perros para convertirlos en las criaturas sociales y útiles de la actualidad? ¿O los perros eran sociales por naturaleza? ¿Los perros comenzaron a acercarse a nuestros campamentos hace mucho tiempo? ¿O los seres humanos encontraron a los perros y los introdujeron en sus hogares? Todavía se desconoce la forma en la que los perros se convirtieron en nuestros amigos, compañeros y asistentes. Algunos científicos consideran que los seres humanos y el entrenamiento son los responsables de muchas de las mejores características de nuestros perros. Otros consideran que tanto los perros como los seres humanos han cambiado con el tiempo para crear ese lazo fuerte y único.

Actividad de matemáticas

Los científicos han encontrado fósiles de perros de 15,000 años de antigüedad. El período entre generaciones es el tiempo que pasa entre el nacimiento de una generación y el de la siguiente. Si el período entre generaciones para los perros es de 1.5 años, ¿cuántas generaciones ha habido en los últimos 15,000 años?

Curiosidades de la ciencia

Ácaros foliculares

¿Qué organismo tiene un cuerpo pequeño de forma tubular, patas cortas y gordas y vive en tus cejas y pestañas? ¿Podrías creer que allí vive un animalito? Se llama ácaro folicular y los seres humanos son sus huéspedes. Los estudios muestran que más del 97% de los adultos tienen estos ácaros. Excepto en raras ocasiones, los ácaros foliculares son inofensivos.

Como todos los animales grandes, los seres humanos somos huéspedes de varias criaturas pequeñas que viven en nuestro cuerpo o sobre él y que comparten nuestros recursos. Las bacterias que viven en nuestro tracto digestivo inferior sirven para producir vitaminas como el ácido fólico y la vitamina K. Otras bacterias pueden ayudar a mantener en nuestro cuerpo los niveles de pH adecuados.

Actividad de artes del lenguaje

DESTREZA DE REDACCIÓN Imagina que te has encogido y que ahora eres del tamaño de un ácaro folicular. ¿Cómo obtendrías alimento? ¿Dónde dormirías? Escribe una historia breve que describa un día en tu nueva y minúscula vida.

Profesiones

Dalton Dockery

Especialista en horticultura ¿Sabías que en vez de usar pesticidas para liberarte de los insectos que se comen las plantas de tu jardín, puedes usar otros insectos? "Es una forma sana de permitir el crecimiento de vegetales sin usar compuestos químicos ni pesticidas y reducir los efectos nocivos de los pesticidas sobre el ambiente", dice Dalton Dockery, un especialista en horticultura de Carolina del Norte. Algunos insectos, como las mariquitas y las mantis religiosas, son depredadores naturales de muchos insectos nocivos para las plantas. Podrían comerse a otros insectos y dejar tus preciosas plantas en paz. Usar insectos para ahuyentar plagas es sólo un aspecto de la jardinería natural. La jardinería natural aprovecha las relaciones existentes en la naturaleza y las usa en nuestro beneficio. Para Dockery, lo mejor de ser un especialista en horticultura es enseñar a la gente cómo preservar el ambiente, trabajar al aire libre y tener la oportunidad de ayudar a las personas todos los días.

ACTIVIDAD de estudios sociales

DESTREZA DE REDACCIÓN Investiga sobre técnicas de jardinería y agricultura en otras culturas. ¿Usan algunos de los aspectos de la jardinería natural como los especialistas en horticultura? Escribe un breve informe con tus conclusiones.

go.hrw.com

Para aprender más sobre los temas de "La ciencia en acción", visita go.hrw.com y escribe la palabra clave HL5INTF. (Disponible sólo en inglés)

Ciencia actual

Visita go.hrw.com y consulta los artículos de Ciencia actual *(Current Science®)* **relacionados con este capítulo. Sólo escribe la palabra clave HL5CS18.** (Disponible sólo en inglés)

2

Los ciclos de la naturaleza

Acerca de la FOTO

Estos pingüinos se divierten en un parque muy particular: un iceberg cercano a la costa de la Antártida. Un iceberg es un bloque que se desprende de un glaciar y comienza a flotar por el océano. Un glaciar es un "río" gigantesco de hielo que se desliza lentamente por la pendiente de una montaña. Los glaciares están hechos de la nieve que se acumula en la cima de las montañas. Pero llega un momento en que los glaciares y los icebergs se derriten y se convierten en agua líquida. El agua de los océanos y lagos se eleva en el aire y luego vuelve a caer en forma de lluvia o nieve. En la Tierra hay una gran cantidad de agua y la mayor parte de ella cambia y circula continuamente.

ACTIVIDAD PARA ANTES DE LEER

NOTAS PLEGADAS

Pirámide Antes de leer el capítulo, prepara las notas plegadas en forma de "Pirámide", tal y como se explica en la sección **Destrezas de estudio** del Apéndice. En las caras de la pirámide, escribe "El ciclo del agua", "El ciclo del carbono" y "El ciclo del nitrógeno". Mientras lees el capítulo, define cada ciclo y escribe sus pasos en la cara correspondiente de la pirámide.

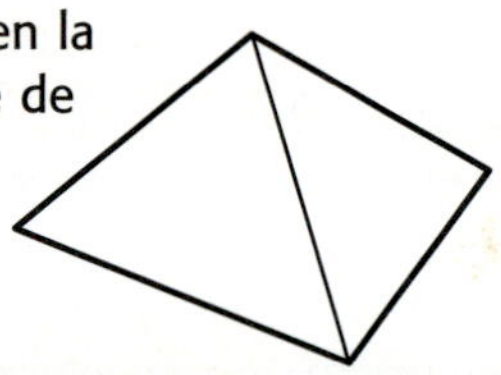

ACTIVIDAD INICIAL

Hacer lluvia

¿Puedes hacer lluvia? ¡Claro que sí! Aunque sea en pequeña escala. En esta actividad, harás que el agua cambie de estado del mismo modo en que se forma la lluvia. Éste es uno de los procesos que permite volver a usar el agua de la Tierra.

Procedimiento

1. Toma una **bolsa resellable grande para congelador** que esté limpia y seca y que no tenga agujeros. Coloca un **tazón pequeño de color oscuro** dentro de la bolsa. La abertura debe quedar hacia arriba.
2. Llena el tazón con agua hasta la mitad. Pon unas gotas de **colorante de alimentos rojo** en el agua. Cierra la bolsa herméticamente.
3. Coloca el tazón y la bolsa bajo una **fuente de luz** fuerte y cálida, como una lámpara o la luz del Sol.
4. Deja la bolsa bajo la luz todo el tiempo que sea posible. Observa la bolsa a intervalos regulares.

Análisis

1. Cada vez que observes la bolsa, describe lo que veas. Explica qué piensas que está pasando.
2. Luego de mirar la bolsa varias veces, retira el tazón de la bolsa con cuidado. Observa y describe el agua que está en la bolsa. ¿De dónde provino esa agua? ¿En qué se diferencia del agua del tazón?

SECCIÓN 1

Ciclos de la materia

¡La materia que compone tu cuerpo ha estado en la Tierra desde que el planeta se formó hace miles de millones de años!

La materia que se encuentra en la Tierra es limitada, por lo que se le vuelve a utilizar una y otra vez. Cada tipo de materia tiene un ciclo propio. En esos ciclos, la materia circula entre el ambiente y los seres vivos.

PREPARACIÓN PARA LA LECTURA

Objetivos

- Haz un diagrama del ciclo del agua y explica su importancia para los seres vivos.
- Haz un diagrama del ciclo del carbono y explica su importancia para los seres vivos.
- Haz un diagrama del ciclo del nitrógeno y explica su importancia para los seres vivos.

Términos clave

evaporación
condensación
precipitación
descomposición
combustión

ESTRATEGIA DE LECTURA

Nemotecnia Mientras lees esta sección, inventa una regla nemotécnica que te sirva para recordar las partes del ciclo del agua.

El ciclo del agua

La circulación del agua entre los océanos, la atmósfera, la tierra y los seres vivos se llama *ciclo del agua.* En la **figura 1** se muestran las partes del ciclo del agua.

Cómo circula el agua

Durante la **evaporación,** el calor del Sol hace que el agua cambie de líquido a vapor. En el proceso de **condensación,** el vapor de agua se enfría y vuelve al estado líquido. El agua que cae de la atmósfera a la tierra y los océanos se llama **precipitación.** La lluvia, la nieve, el aguanieve y el granizo son diversas formas de precipitación. La mayoría de las precipitaciones caen en el océano. Parte de las precipitaciones que caen sobre la tierra fluye hacia los arroyos, los ríos y los lagos y recibe el nombre de *escurrimiento.* Otra parte penetra en el suelo y se almacena en los espacios que existen entre las rocas o dentro de ellas. Esa agua, conocida como *agua subterránea,* después fluye lentamente hacia la tierra, los arroyos, los ríos y océanos.

evaporación el cambio de una sustancia de líquido a gas

condensación el cambio de estado de vapor a líquido

precipitación cualquier forma de agua que cae de las nubes a la superficie de la Tierra

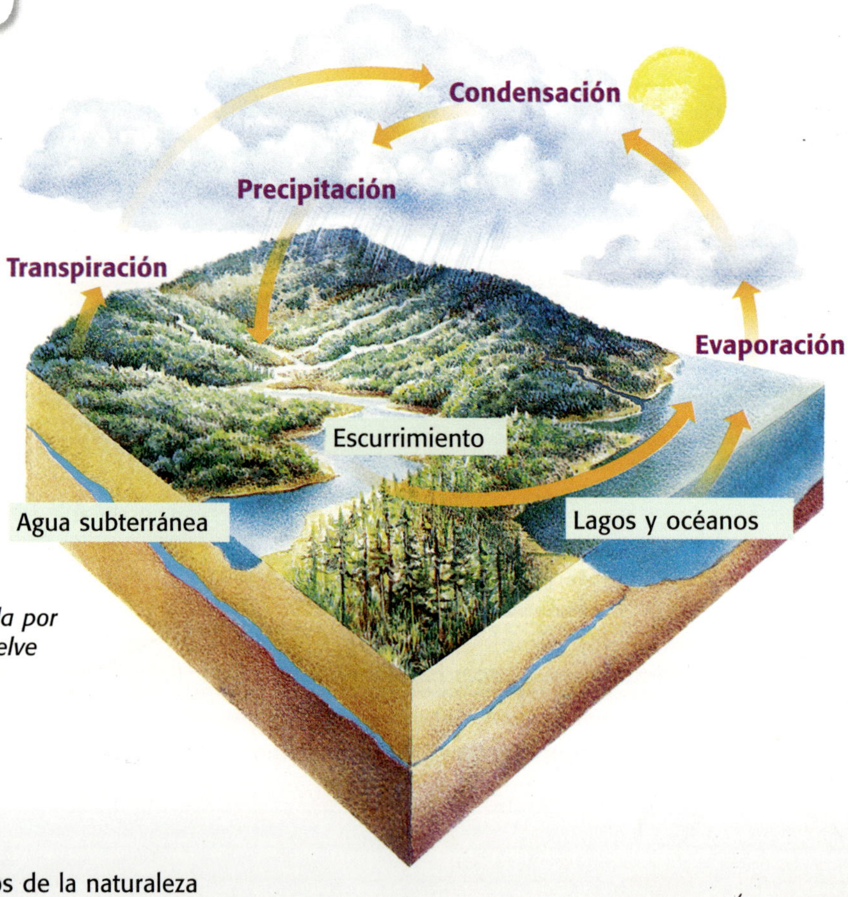

Figura 1 *El agua del ambiente circula por las plantas y los animales y luego vuelve al ambiente.*

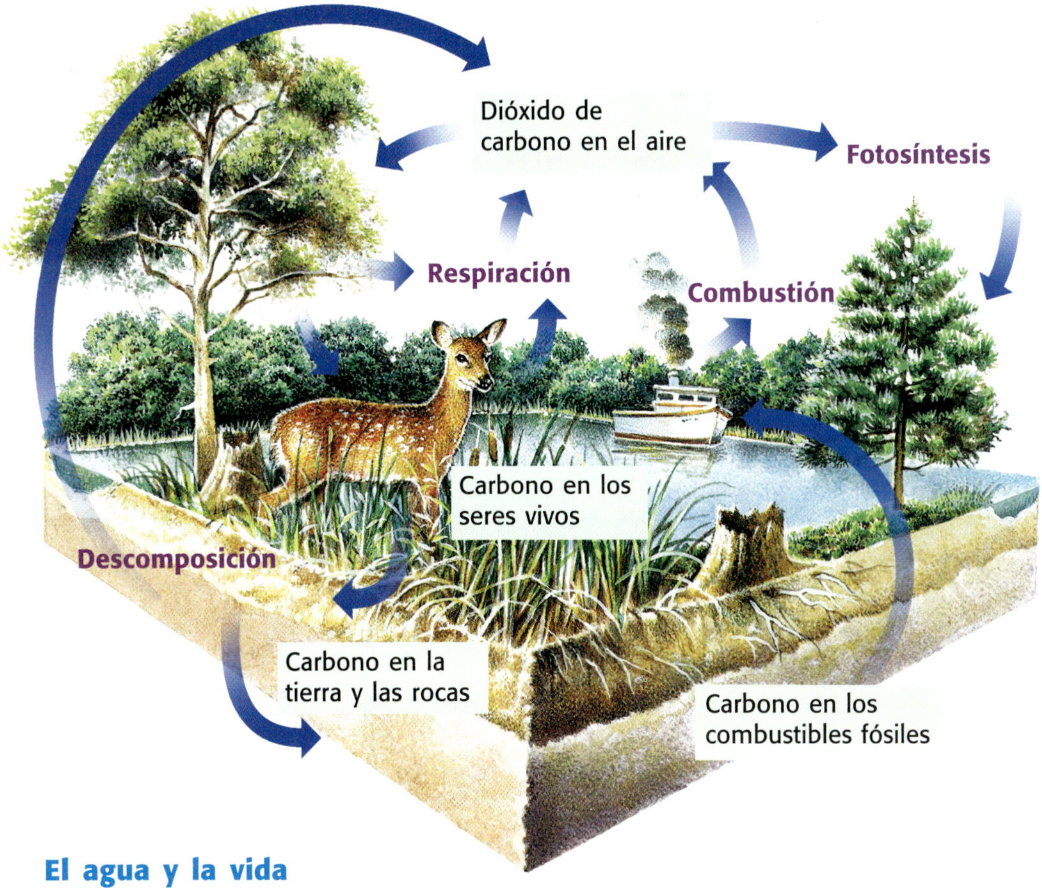

Figura 2 *El carbono puede permanecer en el ambiente por millones de años antes de que lo puedan usar los seres vivos.*

El agua y la vida

Sin agua, no habría vida en la Tierra. Todos los organismos, desde las bacterias hasta los animales y las plantas, están formados principalmente por agua. El agua permite transportar los nutrientes y los desechos dentro de los organismos. El agua sirve para regular la temperatura corporal. Por ejemplo, cuando sudas o transpiras, el agua se evapora de tu piel y tu cuerpo se enfría. Al final, el agua que entra a los organismos regresa al ambiente. Por ejemplo, las plantas liberan gran cantidad de vapor de agua en un proceso denominado *transpiración.*

✓ ***Comprensión de lectura*** ¿Por qué el agua es tan importante? (*Consulta en el Apéndice las respuestas de comprensión de lectura.*)

PRÁCTICA de MATEMÁTICAS

¿Dónde está el agua?

En la Tierra hay cerca de 37.5 millones de kilómetros cúbicos de agua dulce. De esa agua dulce, cerca de 8.3 millones de kilómetros cúbicos es subterránea. ¿Cuál es el porcentaje de agua dulce subterránea?

El ciclo del carbono

Además del agua, las moléculas más comunes que tienen los seres vivos son las moléculas *orgánicas,* o sea, moléculas que contienen carbono. El intercambio de carbono entre el ambiente y los seres vivos se conoce como *ciclo del carbono,* como se muestra en la **figura 2.**

Fotosíntesis y respiración

La *fotosíntesis* es la base del ciclo del carbono. Durante la fotosíntesis, las plantas usan el dióxido del carbono del aire para elaborar azúcares. La mayoría de los animales obtienen el carbono y la energía que necesitan al comer plantas. ¿De qué forma regresa el carbono al ambiente? Regresa cuando las moléculas de carbono se descomponen para liberar energía. Este proceso, llamado *respiración,* requiere oxígeno. El dióxido de carbono y el agua son productos secundarios de la respiración.

descomposición la desintegración de sustancias en sustancias moleculares más simples

combustión la quema de una sustancia

Experimento rápido

La combustión

1. Coloca una **vela** en la **tapa de un frasco** y asegúrala con **plastilina.** Pídele a tu maestro que la encienda.
2. Coloca el frasco cerca de la llama de la vela. No cubras la llama con el frasco. Describe el frasco. ¿De dónde vino la sustancia que hay allí?
3. Ahora, coloca el frasco sobre la vela. ¿Qué queda depositado dentro del frasco? ¿De dónde vino esta sustancia?

Descomposición y combustión

La desintegración de sustancias que da origen a moléculas más simples se llama **descomposición.** Por ejemplo, cuando los hongos y las bacterias descomponen materia orgánica, el dióxido de carbono y el agua regresan al ambiente. Es posible que conozcas otra forma en que la materia orgánica se descompone: con fuego. La **combustión** es el proceso de quemar una sustancia, por ejemplo madera o combustibles fósiles. Al igual que la descomposición, la combustión de materia orgánica libera dióxido de carbono a la atmósfera.

El ciclo del nitrógeno

El nitrógeno también es importante para los seres vivos. Los organismos necesitan nitrógeno para elaborar proteínas y ADN para las nuevas células. La circulación del nitrógeno entre el ambiente y los seres vivos se llama *ciclo del nitrógeno.* En la **figura 3** se muestra este ciclo.

La conversión del gas nitrógeno

Aproximadamente el 78% de la atmósfera terrestre está compuesta por gas nitrógeno. La mayoría de los organismos no pueden usar el gas nitrógeno directamente. Sin embargo, las bacterias que se encuentran en la tierra pueden convertir el nitrógeno en estado gaseoso en otras formas que las plantas pueden usar. Ese proceso se llama *fijación del nitrógeno.* Entonces, otros organismos pueden obtener el nitrógeno que necesitan al comer plantas u organismos que se alimentan de plantas.

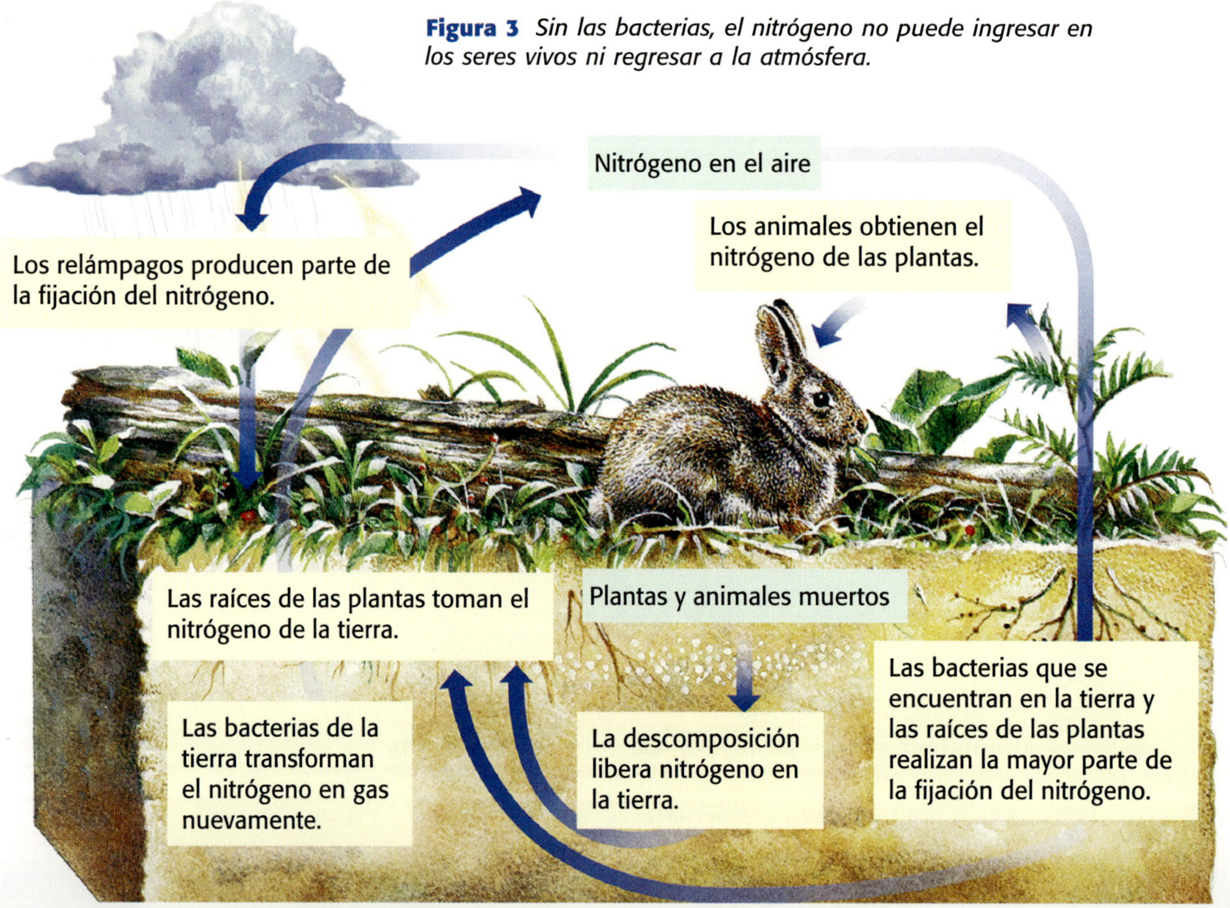

Figura 3 *Sin las bacterias, el nitrógeno no puede ingresar en los seres vivos ni regresar a la atmósfera.*

De aquí para allá

Cuando los organismos mueren, los descomponedores desintegran los restos que quedan. La descomposición libera una forma de nitrógeno en la tierra que las plantas pueden usar. Después, ciertos tipos de bacterias de la tierra convierten el nitrógeno en gas, que a su vez regresa a la atmósfera.

Diversos ciclos

Otras formas de materia también atraviesan ciclos. La mayoría de los minerales que necesitan los seres vivos, como el calcio y el fósforo, circulan por el ambiente. Cuando un organismo muere, es probable que todas las sustancias de su cuerpo se reciclen o se vuelvan a usar.

Todos los ciclos están conectados entre sí de diversas maneras. Por ejemplo, algunas formas de nitrógeno y carbono circulan por el ambiente gracias al agua. Muchos nutrientes pasan de la tierra a las plantas, de allí a los animales y luego a la tierra nuevamente. Los organismos vivos participan en todos los ciclos.

✓ *Comprensión de lectura* **Da un ejemplo de una forma de materia, que no sea ni el carbono, ni el agua, ni el nitrógeno, que circule por el ambiente mediante ciclos.**

CONEXIÓN CON las ciencias ambientales

Calentamiento global Cada vez se libera más dióxido de carbono a la atmósfera. El dióxido de carbono hace que la atmósfera retenga calor. Una atmósfera más cálida haría que la temperatura de la tierra y los océanos aumentara. Los científicos creen que esta situación, conocida como *calentamiento global,* ya está sucediendo. Investiga sobre los cambios de temperatura global promedio y niveles de carbono promedio en los últimos 50 años y haz un resumen con tus descubrimientos.

REPASO DE LA sección

Resumen

- La precipitación, la evaporación, la transpiración y la condensación forman parte del ciclo del agua.
- La fotosíntesis, la respiración, la descomposición y la combustión forman parte del ciclo del carbono.
- En el ciclo del nitrógeno, el gas nitrógeno cambia de forma y luego se convierte nuevamente en gas.
- Muchas formas de materia de la Tierra pasan por ciclos. Esos ciclos pueden relacionarse de muchas maneras.

Usar términos clave

Explica la diferencia entre los siguientes pares de términos.

1. *evaporación* y *condensación*
2. *descomposición* y *combustión*

Comprender las ideas principales

3. La fijación del nitrógeno
   - a. la realizan solamente las plantas.
   - b. la realizan sobre todo las bacterias.
   - c. es la forma en que los animales fabrican proteínas.
   - d. es una forma de descomposición.
4. Describe el ciclo del agua.
5. Describe el ciclo del carbono.

Destrezas matemáticas

6. En promedio, una persona en Estados Unidos consume aproximadamente 78 galones de agua por día. ¿A cuántos litros de agua equivalen? ¿Cuántos litros de agua usará en promedio una persona en un año?

Razonamiento crítico

7. **Analizar procesos** Dibuja un diagrama sencillo de cada uno de los ciclos presentados en esta sección. Dibuja líneas entre los ciclos para mostrar cómo se relacionan las partes.
8. **Aplicar conceptos** Da un ejemplo de cómo el calcio de los huesos de un animal puede volver al medio ambiente mediante un ciclo.

SCILINKS. NSTA Desarrollo y mantenimiento a cargo de la Asociación Nacional de Maestros de Ciencias

Para ver diversos enlaces relacionados con este capítulo, visita www.scilinks.org
Tema*: Ciclos de la materia
Código de SciLinks: HSM0373

*(Sólo en inglés)

SECCIÓN 2

Sucesión ecológica

Imagina que tienes una máquina del tiempo que puede llevarte al verano de 1988. Si en ese entonces hubieras visitado el Parque Nacional de Yellowstone, habrías visto varios incendios destruyendo el área por completo.

Hacia fines de ese verano, grandes zonas del parque estaban totalmente quemadas. Cuando los incendios se extinguieron, el suelo del bosque quedó cubierto por una capa de ceniza gris. La mayoría de los árboles habían muerto, aunque muchos todavía estaban en pie.

PREPARACIÓN PARA LA LECTURA

Objetivos

- Describe el proceso de sucesión.
- Contrasta la sucesión primaria y secundaria.
- Explica cómo se desarrollan las comunidades maduras.

Términos clave

sucesión
especie pionera

ESTRATEGIA DE LECTURA

Organizador de lectura Mientras lees esta sección, haz una tabla para comparar la sucesión primaria y la sucesión secundaria.

Crecimiento nuevo de un bosque

La primavera siguiente, la apariencia del bosque "muerto" comenzó a cambiar. En la **figura 1** se muestran los cambios que hubo a tan solo un año de los incendios. Algunos de los árboles muertos se cayeron y comenzó a aparecer una gran cantidad de plantitas verdes. A los 10 años, los científicos informaron que muchos árboles estaban creciendo nuevamente y que la comunidad forestal se estaba recuperando.

El desarrollo gradual de una comunidad con el paso del tiempo, como la recuperación de las áreas quemadas del Parque Nacional de Yellowstone, se llama **sucesión.** La sucesión ocurre en todas las comunidades, no sólo en aquéllas que sufrieron alteraciones como incendios forestales.

sucesión el reemplazo de un tipo de comunidad por otra en un mismo lugar con el paso del tiempo

✓ Comprensión de lectura **¿Qué ocurrió tras los incendios de Yellowstone?** (*Consulta en el Apéndice las respuestas de comprensión de lectura.*)

Figura 1 *En 1988, se quemaron extensas áreas del Parque Nacional de Yellowstone* (izquierda). *Ya en la primavera de 1989, se observaba una recuperación en esas áreas* (derecha).

Sucesión primaria

A veces, comienza a formarse una pequeña comunidad en un lugar donde anteriormente no vivían otros organismos. En esa área, no hay tierra; por lo general, sólo hay rocas desnudas. Después de mucho tiempo, una serie de organismos viven y mueren en las rocas. La roca poco a poco se convierte en tierra. Este proceso recibe el nombre de *sucesión primaria* y se muestra en la **figura 2.** Los primeros organismos que habitan esa área reciben el nombre de **especies pioneras.**

especie pionera una especie que coloniza un área deshabitada y empieza un proceso de sucesión

Figura 2 **Ejemplo de sucesión primaria**

1 Un glaciar en lento retroceso deja al descubierto rocas desnudas en las que no vive ningún organismo. Comienza la sucesión primaria.

2 Casi todas las sucesiones primarias se inician con los líquenes. Los ácidos de los líquenes comienzan a disolver las rocas en pequeñas partículas. Estas partículas se mezclan con los restos de líquenes muertos y se empieza a formar tierra. Los líquenes son un ejemplo de una especie pionera.

3 Después de muchos años, ya hay suficiente tierra para que crezcan musgos. Los musgos acaban por reemplazar a los líquenes. Allí comienzan a vivir insectos y otros organismos pequeños. Al morir, sus restos pasan a formar parte de la tierra.

4 Con el tiempo, la capa de tierra se hace más profunda y los helechos reemplazan a los musgos. Después de los helechos aparecen las plantas herbáceas y las flores silvestres. Si la tierra es suficiente, crecerán arbustos y árboles pequeños.

5 Después de cientos o incluso miles de años, la tierra quizá sea lo suficientemente profunda y firme como para que crezca un bosque.

Sucesión secundaria

A veces, una comunidad queda destruida por una catástrofe natural, como por ejemplo, un incendio o una inundación. A veces, una comunidad sufre otros cambios. Por ejemplo, un agricultor quizá deje de cultivar en un área que se había talado. En cualquiera de los dos casos, si la tierra queda intacta, la comunidad original puede crecer nuevamente en una serie de etapas denominada *sucesión secundaria.* La **figura 3** muestra un ejemplo de sucesión secundaria.

Actividad en Internet

Para hacer otra actividad relacionada con este capítulo, visita **go.hrw.com** y escribe la palabra clave **HL5CYCW.** (Disponible sólo en inglés)

✓ Comprensión de lectura **¿En qué se diferencia la sucesión secundaria de la sucesión primaria?**

Figura 3 **Ejemplo de sucesión secundaria**

1 El primer año después de que el agricultor deja de cultivar o de que ocurre una alteración importante, comienzan a crecer hierbas. En las zonas de cultivo, las primeras hierbas que crecen son los garranchuelos.

2 Al segundo año, aparecen nuevas hierbas. Sus semillas tal vez llegaron por medio del viento o de insectos que las transportaron. Durante el segundo año, suele aparecer el erigeron del Canadá.

3 Entre 5 y 15 años después, empiezan a crecer pequeños árboles de coníferas entre las hierbas. Los árboles siguen creciendo y aproximadamente 100 años después se forma un bosque.

4 Al morir las coníferas más antiguas, y si el clima es favorable, comienzan a crecer árboles de madera dura, como el roble o el arce.

Comunidades maduras y biodiversidad

En las primeras etapas de la sucesión, crecen muy pocas especies en la zona. Esas especies crecen rápidamente y producen gran cantidad de semillas que se dispersan con facilidad. Pero todas las especies son vulnerables a las enfermedades, las alteraciones y la competencia. A medida que una comunidad madura, puede ser dominada por *especies de clímax* bien adaptadas y de lento crecimiento.

Además, a medida que la sucesión avanza, se establecen más especies. La variedad de especies de un área recibe el nombre de *biodiversidad.* La biodiversidad es muy importante para las comunidades de organismos. Por ejemplo, un bosque que tiene un alto grado de biodiversidad tiene menos probabilidades de ser destruido por una invasión de insectos. La mayoría de los insectos nocivos para las plantas prefieren atacar una sola especie. La presencia de diversas plantas disminuye el impacto y la propagación de los insectos invasores.

Recuerda que las comunidades maduras no siempre son bosques. Una comunidad madura se caracteriza sencillamente por tener organismos que con el tiempo se adaptan a vivir en una misma área. Por ejemplo, la **figura 4** muestra las plantas del desierto de Sonora, que están bien adaptadas a las condiciones desérticas.

Figura 4 *Esta área del desierto de Sonora, Arizona, es una comunidad madura.*

REPASO DE LA sección

Resumen

- La sucesión ecológica es el desarrollo gradual de comunidades con el paso del tiempo. Por lo general se observa una serie de etapas durante la sucesión.
- La sucesión primaria ocurre en un área donde antes no habia seres vivos; no hay suelo.
- La sucesión secundaria ocurre en un área donde la comunidad anterior fue alterada por incendios, deslizamientos de tierra, inundaciones o arado; hay suelo.

Usar términos clave

1. Define el término *sucesión* en tus propias palabras.

Comprender las ideas principales

2. Un área donde acaba de derretirse un glaciar comenzará un proceso de
   a. sucesión primaria.
   b. sucesión secundaria.
   c. estabilidad.
   d. crecimiento nuevo.
3. Describe la sucesión que se da en un campo abandonado.
4. Describe una comunidad madura. ¿Cómo se desarrolla una comunidad madura?

Destrezas matemáticas

5. Los incendios de 1988 quemaron 739,000 de los 2.2 millones de acres que forman el Parque Nacional de Yellowstone. ¿Qué porcentaje del parque se quemó?

Razonamiento crítico

6. **Aplicar conceptos** Da un ejemplo de una comunidad que tenga mucha biodiversidad, y un ejemplo de una comunidad que tenga poca biodiversidad.
7. **Analizar ideas** Explica por qué la formación del suelo siempre es la primera etapa de la sucesión primaria. ¿La formación del suelo se detiene en algún momento? Explica tu respuesta.

SCILINKS. NSTA
Desarrollo y mantenimiento a cargo de la Asociación Nacional de Maestros de Ciencias

Para ver diversos enlaces relacionados con este capítulo, visita www.scilinks.org

Tema*: Sucesión

Código de SciLinks: HSM1475

*(Sólo en inglés)

Laboratorio de destrezas

El tan preciado nitrógeno

El ciclo del nitrógeno es uno de los tantos ciclos fundamentales para los seres vivos. Sin nitrógeno, los organismos vivos no pueden elaborar aminoácidos, las unidades básicas que forman las proteínas. Los animales obtienen el nitrógeno comiendo plantas que lo contengan y animales que coman esas plantas. Cuando un animal muere, los descomponedores regresan el nitrógeno a la tierra en la forma de un compuesto químico que contiene nitrógeno llamado *amoníaco*.

En esta actividad, investigarás el ciclo del nitrógeno en un sistema cerrado para descubrir cómo los descomponedores regresan el nitrógeno a la tierra.

OBJETIVOS

Investiga el ciclo del nitrógeno en un sistema cerrado.

Descubre cómo los descomponedores regresan el nitrógeno al suelo.

MATERIALES

- agua destilada, 60 mL
- balanza o pesa
- embudo
- frasco con tapa, 1 pinta (o 500 mL)
- guantes protectores
- insectos grandes, del hogar o del patio de la escuela, muertos (5)
- papel de filtro (2 pedazos)
- papel de pH
- probeta, 25 mL
- tierra para macetas, preparada comercialmente, sin fertilizantes
- vaso de precipitados, 50 mL

SEGURIDAD

Procedimiento

1. Coloca un pedazo de papel de filtro dentro de un embudo. Coloca el embudo dentro de un vaso de precipitados de 50 mL y pon 5 g de tierra en el embudo. Añade 25 mL de agua destilada.
2. Controla el agua filtrada con el papel de pH y anota tus observaciones.
3. Coloca aproximadamente 5 cm de tierra en el fondo de un frasco y añade 10 mL de agua destilada.
4. Coloca los insectos muertos en el frasco y ciérralo herméticamente con la tapa.
5. Controla el frasco todos los días durante 5 días y verifica si hay olor a amoníaco. (Si no sabes cómo huele el amoníaco, coméntaselo a tu maestro). Anota tus observaciones. **Precaución:** tu maestro te mostrará cómo verificar si hay olor a un compuesto químico con la mano. Fíjate con atención el modo de llevar suavemente hacia la nariz los gases químicos con tu mano. ¡No pongas la nariz en el frasco para inhalar!

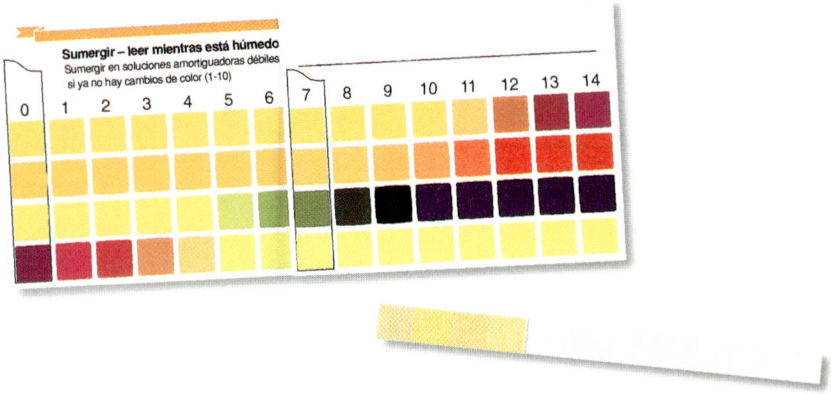

6. Al quinto día, coloca otro pedazo de papel de filtro en el embudo y pon el embudo dentro de un vaso de precipitados de 50 mL. Extrae aproximadamente 5 g de tierra del frasco y colócala en el embudo. Añade 25 mL de agua destilada.

7. Una vez más, controla el agua filtrada con papel de pH y anota tus observaciones.

Analiza los resultados

1. **Examinar datos** ¿Qué pH tenía el agua del vaso de precipitados en la primera oportunidad? Un pH igual a 7 indica que el agua es neutra. Un pH menor que 7 indica que el agua es ácida y un pH mayor que 7 indica que el agua es básica. ¿El agua del vaso de precipitados era neutra, ácida o básica?

2. **Analizar datos** ¿Qué pH tenía el agua del vaso de precipitados en la segunda oportunidad? Explica la diferencia, si la hay, entre los resultados de las dos pruebas.

Saca conclusiones

3. **Sacar conclusiones** Según los resultados de los exámenes de pH, ¿el amoníaco es ácido o básico?

4. **Evaluar resultados** ¿Qué días de la investigación pudiste detectar olor a amoníaco? Explica la causa del olor.

5. **Aplicar conclusiones** Describe la importancia de los descomponedores en el ciclo del nitrógeno.

Aplicar los datos

Comprueba la importancia del nitrógeno para las plantas. Llena dos macetas de 12 cm con tierra para macetas preparada comercialmente y agua. Recuerda no usar tierra con fertilizantes. Consigue una docena de semillas de tomate o rábano. Planta seis semillas en cada maceta. Riega las semillas de modo que la tierra esté húmeda constantemente, pero no empapada. Coloca las macetas en una ventana soleada. Agrega a una de las macetas fertilizante líquido para plantas rico en nitrógeno una vez a la semana. Diluye o mezcla el fertilizante con el agua siguiendo las indicaciones del envase. Riega la otra maceta con agua de la canilla una vez a la semana.

1. Después de la aparición de los brotes, mide con una regla el crecimiento de las plantas en ambas macetas una vez a la semana y anota los resultados.
2. Puedes plantar otras semillas que desees, pero no uses legumbres (por ejemplo, habas). ¡Investiga por qué!

Repaso del capítulo

USAR TÉRMINOS CLAVE

Escoge el término correcto del banco de palabras para completar las siguientes oraciones.

evaporación	condensación
precipitación	descomposición
combustión	sucesión

1. La descomposición de materiales muertos en dióxido de carbono y agua se denomina ___.
2. El desarrollo gradual de una comunidad con el paso del tiempo se denomina ___.
3. Durante la ___, el calor hace que el agua cambie de líquido a vapor.
4. La ___ es el proceso de quemar una sustancia.
5. El agua que cae de la atmósfera a la tierra y a los océanos se denomina ___.
6. En el proceso de ___, el vapor de agua se enfría y vuelve al estado líquido.

COMPRENDER LAS IDEAS PRINCIPALES

Opción múltiple

7. Las nubes se forman en la atmósfera mediante el proceso de
   - **a.** precipitación.
   - **b.** respiración.
   - **c.** condensación.
   - **d.** descomposición.
8. ¿Cuál de las siguientes oraciones sobre el agua subterránea es verdadera?
   - **a.** Se queda bajo el suelo durante algunos días.
   - **b.** Se deposita en cavernas subterráneas o en rocas porosas.
   - **c.** Es salada como el agua del océano.
   - **d.** Nunca vuelve a incorporarse al ciclo del agua.
9. La gasolina que se quema en un automóvil es un ejemplo de
   - **a.** combustión.
   - **b.** respiración.
   - **c.** descomposición.
   - **d.** fotosíntesis.
10. El nitrógeno en forma de gas puede ser usado directamente por algunos tipos de
    - **a.** plantas.
    - **b.** animales.
    - **c.** bacterias.
    - **d.** hongos.
11. Las bacterias son muy importantes en el proceso de
    - **a.** combustión.
    - **b.** condensación.
    - **c.** fijación del nitrógeno.
    - **d.** evaporación.
12. Las especies pioneras en las rocas sin vegetación son generalmente
    - **a.** helechos.
    - **b.** pinos.
    - **c.** musgos.
    - **d.** líquenes.
13. ¿Cuál de las siguientes opciones es un ejemplo de sucesión primaria?
    - **a.** la recuperación del Parque Nacional de Yellowstone, después de los incendios en 1988
    - **b.** la aparición de líquenes y musgos en un área donde se ha derretido recientemente un glaciar
    - **c.** el crecimiento de erigeron del Canadá en un campo después de que el granjero deja de usarlo
    - **d.** el crecimiento de erigeron del Canadá maleza en un terreno desocupado donde ya no se corta el pasto
14. Entre las plantas más comunes en un campo agrícola recientemente abandonado
    - **a.** están el roble y el arce.
    - **b.** están los pinos.
    - **c.** están los musgos.
    - **d.** está el garranchuelo.

Respuesta breve

15 Menciona cuatro sitios donde pueda ir el agua después de caer como precipitación.

16 ¿En qué formas se puede encontrar el agua en la Tierra?

17 ¿Qué papel desempeñan los animales en el ciclo del carbono?

18 ¿Qué papeles desempeñan los seres humanos en el ciclo del carbono?

19 ¿La atmósfera de la Tierra está formada principalmente de qué sustancia?

20 Compara y contrasta las dos formas de sucesión.

RAZONAMIENTO CRÍTICO

21 **Mapa de conceptos** Haz un mapa de conceptos con los siguientes términos: *terreno agrícola abandonado, líquenes, roca sin vegetación, formación del suelo, erigeron del Canadá, sucesión, incendio forestal, sucesión primaria, sucesión secundaria* y *especie pionera.*

22 **Identificar relaciones** ¿La nieve forma parte del ciclo del agua? ¿Por qué?

23 **Analizar procesos** Enumera varios sitios donde puede haber agua en la Tierra. Di cómo cada uno es parte del ciclo del agua.

24 **Formular hipótesis** Predice qué ocurriría si el agua de la Tierra dejara de evaporarse de repente.

25 **Formular hipótesis** Predice qué ocurriría si todas las bacterias de la Tierra desaparecieran de repente.

26 **Inferir** Describe por qué generalmente un jardín no pasa por una sucesión.

27 **Inferir** ¿Puede un científico observar todas las etapas de una sucesión secundaria en un campo abandonado? Explica tu respuesta.

INTERPRETAR GRÁFICAS

La siguiente gráfica muestra cómo se usa el agua diariamente en una casa promedio en Estados Unidos. Consúltala para contestar las siguientes preguntas.

Uso diario de agua en una casa promedio

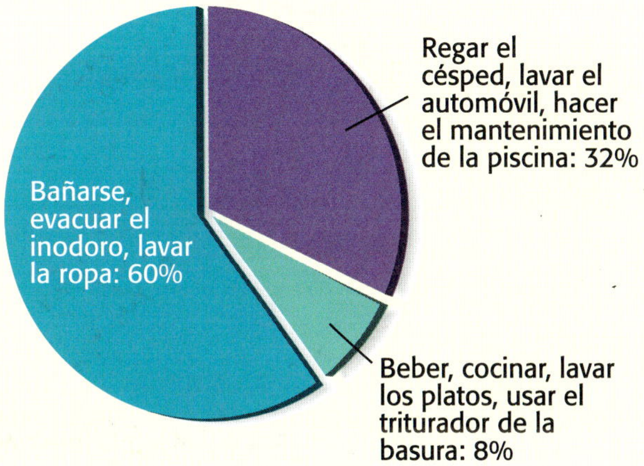

28 De acuerdo con la gráfica, ¿cuál de las siguientes actividades consume más agua?

a. bañarse

b. evacuar el inodoro

c. lavar la ropa

d. No hay suficiente información para determinar la respuesta.

29 Una familia promedio consumía 380 L de agua al día hasta que dejaron de lavar el automóvil, regar el césped y usar la piscina. Ahora, ¿cuánta agua consumen diariamente?

Preparación para los exámenes estandarizados

LECTURA

Lee los siguientes pasajes. Luego, contesta las preguntas correspondientes.

Pasaje 1 La científica se despertó y corrió hasta la selva tropical. Allí, observó el experimento de reciclaje del agua. Se dio un chapuzón en el mar y atravesó el bosque de álamos en su regreso a casa. Una vez allí, almorzó y fue al laboratorio computarizado. Desde el laboratorio podía controlar los sensores que le advertirían si en alguna parte del ecosistema había fallas en el ciclo. Este control era muy importante para la científica y su equipo de investigación porque sus vidas dependían de la salud de ese ambiente cerrado. Hace varias semanas, los sensores comenzaron a detectar inconvenientes.

1. ¿Qué significa *álamo* en el pasaje?

- **A** un tipo de experimento
- **B** un tipo de árbol
- **C** hermoso
- **D** feo

2. Según el pasaje, ¿qué conclusión se puede sacar?

- **F** La científica vive en un ambiente artificial.
- **G** La científica vive sola.
- **H** La científica y su equipo de investigación trabajan en una isla descubierta recientemente.
- **I** La científica no confía en que los sensores detecten problemas.

3. ¿Cuál de las siguientes oraciones es verdadera según el pasaje?

- **A** La científica teme que su ambiente se esté destruyendo.
- **B** Los científicos dependen de que los sensores les adviertan cualquier inconveniente.
- **C** Los científicos viven en una isla.
- **D** La científica almuerza en la casa todos los días.

Pasaje 2 Todos los veranos, millones de peces mueren en un área del golfo de México llamada *región con hipoxia.* La hipoxia se produce cuando el nivel de oxígeno del agua es demasiado bajo. A esta área se la suele llamar *zona muerta* porque prácticamente todos los peces y crustáceos de la zona mueren. En 1995, la zona cubría más de 18,000 km^2, y casi 1 millón de peces murieron en una semana. ¿Por qué pasa esto? ¿Hay alguna solución?

1. Según el pasaje, ¿cuál es la **mejor** definición de región con hipoxia?

- **A** una región donde mueren millones de peces
- **B** una región donde el nivel de oxígeno del agua es bajo
- **C** una región que produce una "zona muerta"
- **D** una región de 18,000 km^2

2. ¿Por qué se le dice *zona muerta* a la región con hipoxia?

- **F** porque el oxígeno de la región está muerto
- **G** porque la región cubre un área mayor que el área en la que los peces pueden vivir
- **H** porque el golfo de México dejó de ser una zona pesquera concurrida
- **I** porque casi todos los peces y crustáceos de la zona mueren

3. ¿Qué información proporcionaría el siguiente párrafo del texto?

- **A** una explicación de la definición de hipoxia
- **B** una descripción de cómo se produce la hipoxia en otras partes del mundo
- **C** una lista de los animales que murieron en el golfo de México en 1995
- **D** una explicación de cómo se forma la región con hipoxia del golfo de México

INTERPRETAR GRÁFICAS

La siguiente ilustración muestra la apariencia de un área en visitas sucesivas. Consúltala para contestar las preguntas.

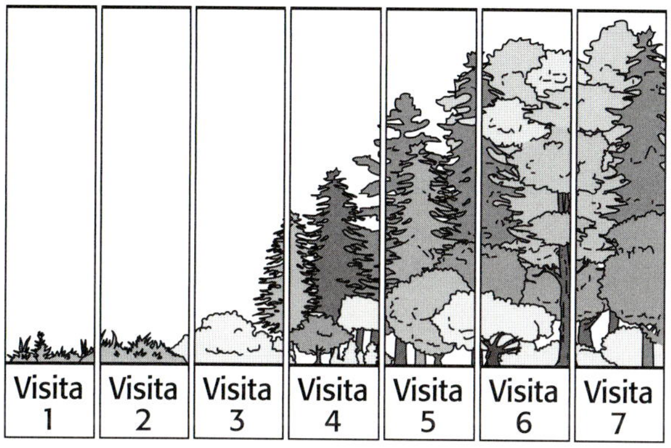

1. En el área ilustrada, ¿qué proceso se manifiesta con el transcurso del tiempo?
   - **A** sucesión ecológica
   - **B** combustión de combustibles fósiles
   - **C** especiación pionera
   - **D** organización ecológica

2. ¿Durante cuál de las siguientes visitas verías la comunidad **más** madura?
   - **F** en la visita 1
   - **G** en la visita 3
   - **H** en la visita 5
   - **I** en la visita 7

3. Imagina que hubo un incendio forestal después de la séptima visita. Si los científicos la visitaran un año después, ¿a qué visita se parecería más el área?
   - **A** a la visita 1
   - **B** a la visita 3
   - **C** a la visita 5
   - **D** a la visita 7

MATEMÁTICAS

Lee las siguientes preguntas y escoge la mejor respuesta.

1. El agua que se usa al evacuar el inodoro es casi la mitad del agua que una persona usa por día. Algunos inodoros emplean hasta 6 gal por vez. Otros inodoros más eficientes usan aproximadamente 1.5 gal por vez. ¿Cuántos litros de agua podrías ahorrar por día usando un inodoro más eficiente si evacúas el inodoro cinco veces por día?
   - **A** 4.5 gal
   - **B** 20 gal
   - **C** 80 L
   - **D** 85 L

2. La capa superior del suelo de las planicies orientales de Estados Unidos tiene aproximadamente 15 m. Si la capa superior del suelo se forma a razón de 2.5 cm cada 500 años, ¿cuánto tiempo tardaron en formarse los 15 m?
   - **F** 3,000 años
   - **G** 18,750 años
   - **H** 30,000 años
   - **I** 300,000 años

3. Si $16 = 2x + 10$, ¿cuánto es x?
   - **A** 2
   - **B** 3
   - **C** 4
   - **D** 8

4. ¿Cuál es el área del siguiente rectángulo?

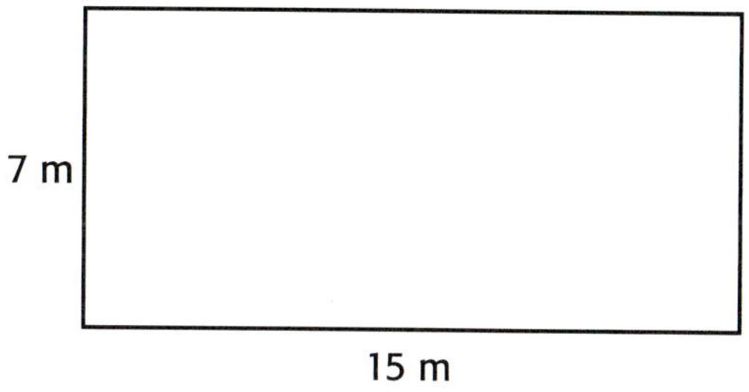

   - **F** 22 m
   - **G** 22 m^2
   - **H** 105 m
   - **I** 105 m^2

La ciencia en acción

Ciencia, tecnología y sociedad

Desalinización

Se calcula que para el año 2025, casi mil millones de personas sufrirán escasez de agua. Sólo aproximadamente el 3% del agua del planeta es *agua dulce,* el tipo de agua que usamos para beber y cultivar. Y la población humana está usando y contaminando el agua dulce disponible con demasiada rapidez. El otro 97% del agua del planeta se encuentra principalmente en los océanos y es demasiado salada para beber o cultivar.

Hasta hace poco, costaba mucho dinero y llevaba demasiado tiempo filtrar la sal del agua, un proceso conocido como *desalinización.* Pero las nuevas tecnologías están logrando que la desalinización sea una alternativa viable en algunas regiones.

ACTIVIDAD de matemáticas

Debes beber aproximadamente 2 cuartos de galón de agua por día. Imagina que tienes un dispositivo muy simple que evapora el agua de mar y recolecta agua dulce potable a razón de 6 mL/min. ¿Cuánto tiempo le llevará a tu dispositivo recolectar el agua necesaria para un día?

Descubrimientos científicos

La zona muerta

Todos los veranos, millones de peces mueren en un área del golfo de México llamada región con hipoxia. La *hipoxia* implica que el nivel de oxígeno del agua es anormalmente bajo. La región con hipoxia del golfo es llamada "zona muerta" porque gran cantidad de los organismos de la zona mueren. ¿Por qué sucede esto? Los científicos creen que la región está contaminada con grandes cantidades de nitrógeno y fósforo. Estos nutrientes fomentan el crecimiento de las algas, que "florecen" y mueren en gran cantidad. Cuando las bacterias descomponen las algas, usan todo el oxígeno del agua y se produce la hipoxia. Los científicos creen que los compuestos químicos contaminantes llegan al golfo a través del río Mississippi. Este río recibe el escurrimiento de una vasta región que comprende granjas, casas y ciudades. Los científicos proponen añadir tierras pantanosas a la cuenca del Mississippi para reducir la cantidad de compuestos químicos que llegan al golfo.

ACTIVIDAD de artes del lenguaje

DESTREZA DE REDACCIÓN El golfo de México no es el único lugar donde hay una región con hipoxia. Investiga otras masas de agua y averigua cuán extendido está el problema. Escribe un breve informe sobre qué están haciendo los científicos para reducir la hipoxia en otros lugares.

Desde su descubrimiento, la región con hipoxia del golfo de México aumentó durante varios años.

Profesiones

Michael Fan

Gerente de aguas residuales Si te preocupa que el agua esté limpia y te gusta trabajar en un laboratorio y al aire libre, podría gustarte una profesión vinculada al tratamiento de aguas residuales. El ciclo del agua permite mantener el agua de la naturaleza lo suficientemente pura para la mayoría de los organismos. Pero cuando los seres humanos usamos agua en nuestras casas, fábricas y granjas, producimos *aguas residuales,* y generalmente a un ritmo mayor que el tiempo que tardan los procesos naturales en limpiarlas. Para que el agua sea potable nuevamente, podemos imitar los procesos naturales que la purifican y así acelerar el proceso.

Michael M. Fan es el subinspector de las operaciones relacionadas con las aguas residuales en la Planta de Tratamiento de Aguas Residuales de la Universidad de California ubicada en Davis, California. Esta planta tiene uno de los sistemas de tratamiento de aguas residuales más avanzados del país. Fan piensa que su trabajo es fascinante. La planta funciona 24 horas al día y hay varias tareas de las que ocuparse. Hacer funcionar la planta exige tener conocimientos de química, física, microbiología e ingeniería. Muchos organismos de la zona de Davis cuentan con que Fan se asegure de que el agua usada en las instalaciones de la universidad regrese a la naturaleza en buen estado.

ACTIVIDAD de estudios sociales

Investiga qué hacían los antiguos romanos con las aguas residuales. Haz un cartel en el que ilustres algunos de los métodos y tecnologías.

go.hrw.com

Para aprender más sobre los temas de "La ciencia en acción", visita go.hrw.com y escribe la palabra clave HL5CYCF. (Disponible sólo en inglés)

Ciencia actual

Visita go.hrw.com y consulta los artículos de Ciencia actual *(Current Science®)* **relacionados con este capítulo. Sólo escribe la palabra clave HL5CS19.** (Disponible sólo en inglés)

3

Los ecosistemas de la Tierra

Acerca de la FOTO

Este animal, ¿es un monstruo de película? ¡No! El diablillo espinoso es un lagarto que vive en el desierto de Australia. Su piel áspera es una adaptación que le permite vivir en el desierto cálido y seco. Tiene hendiduras sobre la piel que almacenan agua que el diablillo bebe más tarde. El agua cae sobre su lomo y corre por estas pequeñas hendiduras hasta la boca.

ACTIVIDAD PARA ANTES DE LEER

NOTAS PLEGADAS

Rotafolio de tres paneles Antes de leer el capítulo, prepara las notas plegadas en forma de "Rotafolio de tres paneles", tal y como se explica en la sección **Destrezas de estudio** del Apéndice. En las pestañas del rotafolio, escribe los rótulos "Biomas terrestres", "Ecosistemas marinos" y "Ecosistemas de agua dulce". Mientras lees el capítulo, escribe lo que vayas aprendiendo sobre cada categoría en la pestaña correspondiente.

ACTIVIDAD INICIAL

Un mini-ecosistema

En esta actividad, construirás y observarás un ecosistema en miniatura.

Procedimiento

1. Coloca una capa de **grava** en el fondo de un **recipiente,** que puede ser un **frasco grande de boca ancha** o una **botella de refresco de 2 L** con la parte de arriba cortada. Luego agrega una capa de **tierra.**
2. Agrega una variedad de **plantas** con condiciones de crecimiento similares. Escoge plantas pequeñas que no crezcan demasiado rápido.
3. Rocía **agua** dentro del recipiente para humedecer la tierra.
4. Cubre el recipiente con una **tapa** o **envoltura de plástico,** sin apretarlo. Colócalo a la luz indirecta.
5. Describe la apariencia de tu ecosistema.
6. Deja crecer al mini-ecosistema durante 6 semanas. Agrega más agua cuando la tierra esté seca.
7. Observa el mini-ecosistema cada semana y anota tus observaciones.

Análisis

1. Menciona los factores no vivientes que forman parte del mini-ecosistema que construiste.
2. Menciona los factores vivientes del ecosistema.
3. ¿En qué se parece tu mini-ecosistema a uno real? ¿En qué se diferencia?

SECCIÓN 1

Biomas terrestres

¿En qué piensas cuando piensas en los osos polares? Probablemente los imagines en un lugar cubierto de nieve. ¿Por qué los osos polares no viven en el desierto?

PREPARACIÓN PARA LA LECTURA

Objetivos

- Diferencia los factores abióticos de los factores bióticos en los biomas.
- Identifica siete biomas terrestres.

Términos clave

bioma
sabana
desierto
tundra

ESTRATEGIA DE LECTURA

Organizador de lectura Mientras lees esta sección, haz un esquema. Usa los encabezados de la sección en tu esquema.

Los diferentes ecosistemas albergan a diferentes tipos de organismos. Los osos polares no viven en el desierto porque están adaptados a vivir en ambientes muy fríos. Los osos polares tienen una piel gruesa que los mantiene calientes. Esta piel también los disimula en la nieve.

Biomas terrestres

Imagina que estás en un lugar caliente, seco y polvoriento: ves un cactus a tu derecha y un lagarto sobre una roca a tu izquierda. ¿Dónde estás? Es posible que no lo sepas exactamente pero es muy probable que pienses que estás en un desierto.

Un desierto se diferencia de otros lugares por sus factores abióticos y bióticos. Los factores abióticos son las partes no vivientes del ambiente, como el suelo, el agua y el clima. El clima son las condiciones meteorológicas promedio en un área determinada durante un largo período de tiempo. Los factores bióticos son las partes vivientes del ambiente, como las plantas y los animales. Las áreas que tienen factores abióticos similares suelen tener factores bióticos similares. Un **bioma** es un área extensa que se caracteriza por el clima y las plantas y animales que viven en ella. Un bioma contiene ecosistemas relacionados. Por ejemplo, el bioma de una selva tropical contiene los ecosistemas de la copa de los árboles y los del suelo de la selva. En la **figura 1** se muestran los principales biomas que existen sobre la Tierra.

bioma región extensa caracterizada por un tipo de clima específico y ciertos tipos de comunidades de plantas y animales

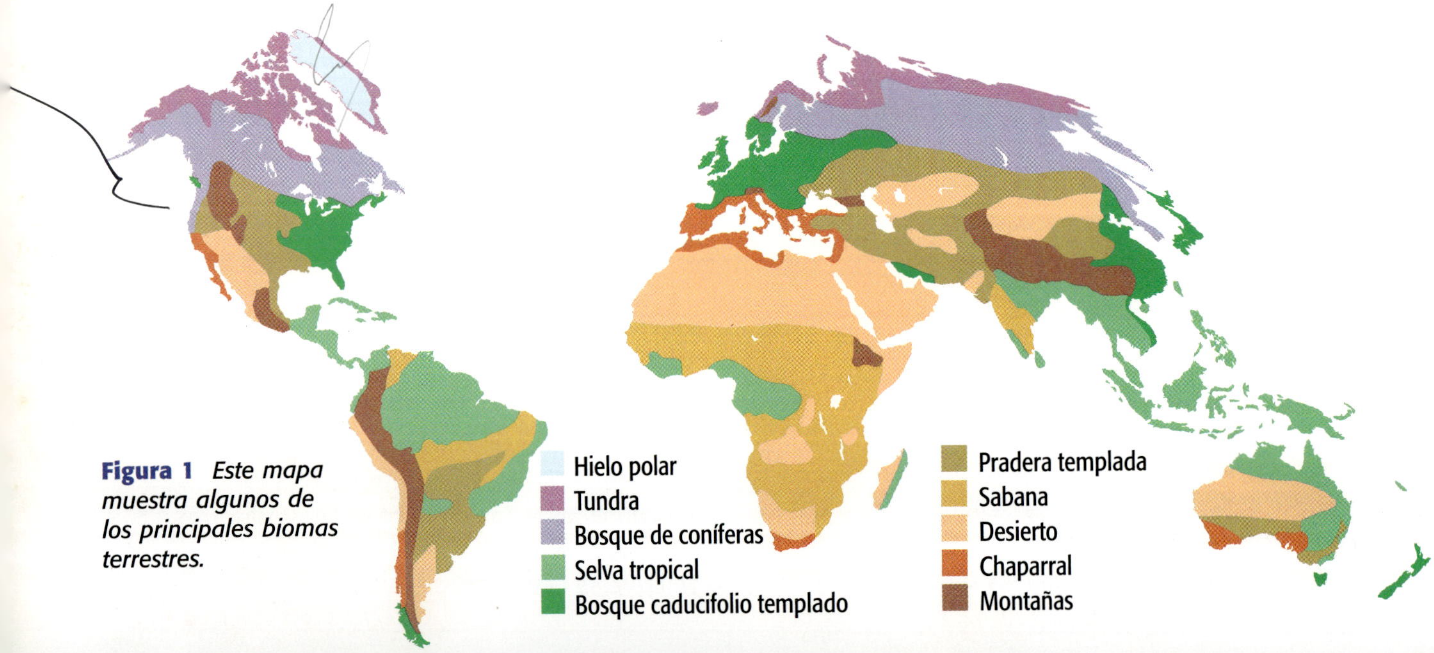

Figura 1 *Este mapa muestra algunos de los principales biomas terrestres.*

Figura 2 *En un bosque caducifolio templado, los mamíferos, aves y reptiles se alimentan a base de muchas hojas, semillas, nueces e insectos.*

Bosques

Los biomas forestales a menudo se encuentran en áreas de temperatura templada y mucha lluvia. El tipo de bioma forestal que se desarrolla depende de las temperaturas y las lluvias del área. Hay tres biomas forestales: los bosques caducifolios templados, los bosques de coníferas y las selvas tropicales.

Bosques caducifolios templados

¿Alguna vez has visto cómo cambian de color las hojas de los árboles en otoño? ¿Has visto árboles que pierden todas sus hojas? Esos árboles se llaman caducifolios. La palabra *caducifolio* proviene del latín y significa "de hojas caducas". Los árboles caducifolios dejan caer sus hojas para conservar agua durante el invierno o durante la temporada de sequía. Como se muestra en la **figura 2,** una variedad de animales, como osos, serpientes y pájaros carpinteros viven en los bosques caducifolios templados.

✓ **Comprensión de lectura** **¿Cómo describe la palabra *caducifolio* a los bosques caducifolios templados?** (*Consulta en el Apéndice las respuestas de comprensión de lectura.*)

Figura 3 *Muchos animales que viven en los bosques de coníferas sobreviven a los duros inviernos hibernando o emigrando a climas más cálidos durante el invierno.*

Bosques de coníferas

Los bosques de coníferas se llaman así porque la mayoría de los árboles que los habitan se llaman *coníferas*. Las coníferas producen semillas en forma de conos. Además, poseen hojas especiales con forma de aguja. Estas hojas tienen una cubierta gruesa y cerosa. Esta capa cerosa cumple tres funciones. En primer lugar, evita que las hojas de las coníferas se sequen. En segundo lugar, protege a las agujas contra las frías temperaturas invernales. Por último, permite a la mayoría de las coníferas conservar muchas de sus hojas durante todo el año. Por lo tanto, la mayoría de estos árboles no cambian demasiado entre el verano y el invierno. Los árboles que se mantienen verdes todo el año y que no pierden todas sus hojas al mismo tiempo se conocen como *árboles perennes*.

En la **figura 3** se muestra un bosque de coníferas y algunos de los animales que allí viven. En estos bosques viven ardillas e insectos. También son comunes algunas aves como los pinzones, carboneros y arrendajos. Herbívoros como los puercoespines, alces americanos y alces también viven en los bosques de coníferas. El suelo debajo de estas grandes coníferas está cubierto de una gruesa capa de agujas. Además, llega muy poca luz al suelo. Por lo tanto, pocas plantas grandes pueden crecer debajo de estos árboles.

✓ *Comprensión de lectura* **¿Qué otro nombre tienen la mayoría de las coníferas? ¿Qué animales viven en los bosques de coníferas?**

Selvas tropicales

Las selvas tropicales tienen más diversidad biológica que cualquier otra zona del planeta. Esto significa que las selvas tropicales tienen más variedades de plantas y animales que cualquier otro bioma terrestre. Por ejemplo, en una superficie del tamaño de un cuarto de una cancha de fútbol pueden crecer más de 100 variedades diferentes de árboles. Muchos animales viven en el suelo. Pero la mayoría de los animales viven en el *dosel vegetal,* es decir la copa de los árboles. Una gran variedad de animales vive en el dosel vegetal. Por ejemplo, viven alrededor de 1,400 especies de aves. En la **figura 4** se muestra en parte la diversidad de la selva tropical.

Por la diversidad de la selva tropical, puede parecer que el suelo es rico en nutrientes. Pero la mayoría de los nutrientes de la selva tropical se encuentran en las plantas. En realidad, el suelo es muy delgado y pobre en nutrientes. Puesto que el suelo es tan delgado, las raíces de muchos árboles crecen también sobre la tierra para tener un mayor sostén.

Figura 4 *Las selvas tropicales tienen una variedad mayor de organismos que cualquier otro bioma.*

Praderas

Las praderas tienen muchos nombres, como *estepas, planicies* y *pampas.* Se encuentran en todos los continentes, excepto en la Antártida. En general, son planas o tienen colinas suavemente onduladas.

Pradera templada

- **Promedio anual de lluvias 25 a 75 cm (de 10 a 29.5 pulg)**
- **Temperaturas promedio Verano: 30°C (86°F) Invierno: 0°C (32°F)**

Figura 5 *Alguna vez los bisontes anduvieron por las praderas templadas de América del Norte en grandes manadas.*

Praderas templadas

En las praderas templadas encontramos pastos y otras plantas con flores. Estas praderas tienen pocos árboles. Los incendios, las sequías y el pastoreo impiden que crezcan árboles y arbustos. Las praderas templadas albergan pequeños animales que comen semillas, como los perros de la pradera y los ratones de campo. Los grandes animales que comen pasto, como los bisontes de América del Norte de la **figura 5,** también habitan las praderas templadas.

Sabanas

Una pradera con macizos de árboles dispersos y lluvias estacionales se denomina **sabana.** Hay sabanas en partes de África, India y América del Sur. Durante la estación seca, los pastizales de la sabana se secan y se tornan amarillos. Pero las profundas raíces de los pastizales sobreviven por meses sin agua. En la sabana africana viven grandes herbívoros, como elefantes, jirafas, cebras y ñúes. En la **figura 6** se muestran algunos de estos animales.

✓ ***Comprensión de lectura*** **¿Qué pasa con los pastizales de la sabana durante la estación seca?**

sabana pradera que suele tener árboles dispersos y se encuentra en áreas tropicales y subtropicales donde se producen lluvias, incendios y sequías estacionales

CONEXIÓN CON las ciencias ambientales

DESTREZA DE REDACCIÓN **Montañas y climas** Las montañas pueden afectar el clima de la tierra que las rodea. Investiga los ecosistemas que hay alrededor de alguna cadena montañosa. Escribe un informe en tu **diario de ciencias** en el que describas cómo las montañas afectan al clima de la tierra que las rodea.

Sabana

- **Promedio anual de lluvias 150 cm (59 pulg)**
- **Temperaturas promedio Estación seca: 34°C (93°F) Estación húmeda: 16°C (61°F)**

Figura 6 *En la sabana africana, leones y leopardos cazan cebras y ñúes.*

Desierto

- **Promedio anual de lluvias menos de 25 cm (10 pulg)**
- **Temperaturas promedio**
  Verano: 38°C (100°F)
  Invierno: 7°C (45°F)

Figura 7 *Los habitantes del bioma desértico tienen adaptaciones especiales para sobrevivir en un clima seco.*

Desiertos

Los biomas que son muy secos y a menudo muy cálidos se denominan **desiertos.** Muchas clases de plantas se encuentran sólo en los desiertos. Estos organismos tienen adaptaciones especiales para vivir en un clima cálido y seco. Por ejemplo, las plantas crecen alejadas unas de las otras para no tener que competir entre ellas por el agua. Algunas plantas poseen raíces poco profundas y amplias que crecen apenas debajo de la superficie. Estas raíces les permiten a las plantas absorber agua durante una tormenta. Otras plantas, como los cactus, poseen hojas y tallos carnosos. Estas estructuras carnosas almacenan agua. Las hojas de estas plantas del desierto también tienen una cobertura cerosa que evita que pierdan agua.

Los animales también están adaptados para vivir en el desierto. La mayoría de estos animales están activos sólo de noche, cuando baja la temperatura. Algunos animales, como el sapo de espuelas, se entierran y duermen durante la estación seca. Así evitan el calor del verano. Animales como las tortugas del desierto comen flores u hojas y almacenan el agua debajo del caparazón. En la **figura 7** se muestra cómo algunas plantas y animales del desierto viven en el calor con poca agua.

desierto región que posee poca o ninguna vida vegetal, largos períodos sin lluvias y temperaturas extremas; suelen ser de climas calientes

✓ Comprensión de lectura **¿Cuáles son algunas de las adaptaciones de las plantas del desierto?**

Tundra

- **Promedio anual de lluvias de 30 a 50 cm (de 12 a 20 pulg)**
- **Temperaturas promedio**
  Verano: 12°C (54°F)
  Invierno: -26°C (-15°F)

Figura 8 *Durante el invierno en la tundra, los caribúes emigran a tierras de pastoreo con alimentos más abundantes.*

tundra llanura sin árboles que se ubica en la región ártica o antártica o sobre las cumbres de las montañas y se caracteriza por temperaturas muy bajas en invierno y veranos cortos y frescos

Tundra

Imagina un lugar sobre la Tierra que sea tan frío que no crecen árboles. Un bioma con muy bajas temperaturas y pocas lluvias se denomina **tundra.** Existen dos tipos de tundra: la tundra polar y la tundra alpina.

Tundra polar

La tundra polar se ubica en el Polo Norte y el Polo Sur. En la tundra polar, la capa de suelo debajo de la superficie permanece congelada todo el tiempo. Esta capa se denomina *permafrost.* Durante los cortos y frescos veranos, sólo la superficie del suelo se descongela. La capa descongelada es demasiado delgada como para que puedan vivir plantas con raíces profundas. Por lo tanto, son comunes las plantas de raíces poco profundas, como los pastos y pequeños arbustos. Debajo de estas plantas crecen musgos y líquenes. El suelo descongelado sobre el permafrost se vuelve lodoso. Algunos insectos, como los mosquitos, depositan sus huevos en el lodo. Las aves se alimentan de estos insectos. Otros animales de la tundra son los bueyes almizcleros, los lobos y los caribúes, que se muestran la **figura 8.**

Tundra alpina

La tundra alpina es similar a la tundra ártica. La tundra alpina también tiene permafrost. Pero se ubica en las cumbres de las montañas. Más arriba de la altura denominada *línea de crecimiento de los árboles,* los árboles no pueden crecer sobre la montaña. La tundra alpina se ubica sobre la línea de crecimiento de los árboles. Esta tundra recibe mucha luz solar y precipitaciones.

Comprensión de lectura ¿Qué es una tundra alpina?

ACTIVIDAD

DESTREZA DE REDACCIÓN **Ecosistemas locales**

Con la ayuda de uno de tus padres, explora los ecosistemas que encuentres cerca de tu casa. ¿Qué clases de plantas y animales viven en la zona? En tu **diario de ciencias,** describe en un breve informe las plantas y animales de los ecosistemas cerca de tu casa.

DE LA ESCUELA A CASA

REPASO DE LA sección

Resumen

- Un bioma se caracteriza por sus factores abióticos, como el clima, y sus factores bióticos, como las comunidades de plantas y animales.
- Tres ejemplos de biomas forestales son los bosques caducifolios templados, los bosques de coníferas y las selvas tropicales.
- Las praderas son áreas donde los pastos son la principal vegetación. Las praderas templadas tienen veranos calurosos e inviernos fríos. Las sabanas tienen estaciones húmedas y estaciones secas.
- Los desiertos son muy secos y a menudo muy calurosos. Las plantas y los animales del desierto que compiten por la escasa cantidad de agua desarrollan adaptaciones especiales para sobrevivir.
- Las tundras son áreas frías que tienen muy escasas lluvias. El permafrost, o capa de suelo congelado debajo de la superficie de la tundra ártica, determina las clases de plantas y de animales que viven en la tundra.

Usar términos clave

1. Escribe una oración distinta con cada uno de los siguientes términos: *bioma* y *tundra*.

2. Define los siguientes términos en tus propias palabras: *sabana* y *desierto*.

Comprender las ideas principales

3. Si visitas una sabana, muy probablemente verás

a. grandes manadas de animales pastando, como cebras, gacelas y ñúes.
b. bosques densos que se extienden de horizonte a horizonte.
c. nieve y hielo durante la mayor parte del año.
d. árboles que forman un techo verde llamado *dosel vegetal*.

4. Los componentes de un ecosistema desértico son

a. un clima caluroso y seco.
b. plantas que crecen apartadas unas de otras.
c. animales que están activos principalmente durante la noche.
d. Todas las anteriores

5. Menciona siete biomas terrestres.

6. Menciona dos elementos que caracterizan a un bioma.

Razonamiento crítico

7. Inferir Mientras excava un área en el desierto, un científico descubre los fósiles de árboles y helechos muy grandes. ¿A qué conclusión puede llegar el científico acerca de los biomas en esta área?

8. Analizar ideas La tundra recibe muy escasas lluvias. ¿Es posible llamar a la tundra *desierto congelado?* Explica tu respuesta.

Interpretar gráficas

Consulta la gráfica de barras para contestar las siguientes preguntas.

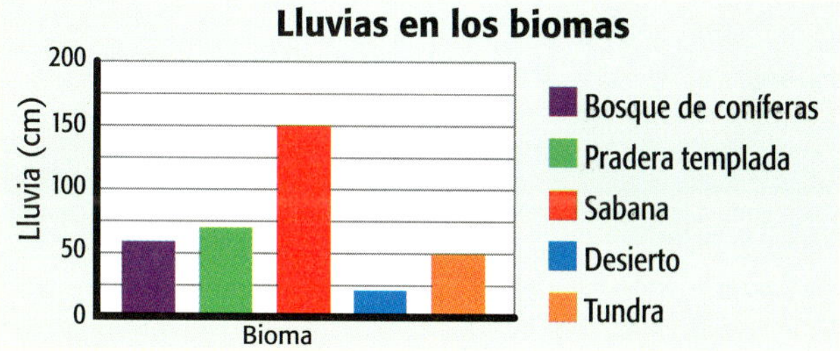

9. ¿Qué biomas reciben 50 cm o más de lluvia?

10. ¿Qué bioma recibe la menor cantidad de lluvia? ¿Cuál recibe la mayor cantidad?

SECCIÓN 2

Ecosistemas marinos

¿Qué cubre casi las tres cuartas partes de la superficie terrestre? ¿Dónde se pueden encontrar los animales más grandes y algunos de los organismos más pequeños de la Tierra?

Si tu respuesta a ambas preguntas es *los océanos,* ¡estás en lo cierto! Los océanos de la Tierra contienen muchos ecosistemas diferentes. Los científicos denominan *ecosistemas marinos* a los ecosistemas del océano.

PREPARACIÓN PARA LA LECTURA

Objetivos

- Menciona tres factores abióticos que formen parte de los ecosistemas marinos.
- Describe cuatro zonas oceánicas principales.
- Describe cinco ecosistemas marinos.

Términos clave

plancton
estuario

ESTRATEGIA DE LECTURA

Guía de predicciones Antes de leer esta sección, escribe todos los encabezados. Luego, escribe debajo de cada uno lo que creas que vas a aprender.

La vida en el océano

Las características de los ecosistemas marinos dependen de los factores abióticos. Estos factores incluyen la temperatura y la profundidad del agua y la cantidad de luz solar que pasa a través del agua. En el océano viven animales y plantas de todas las formas y tamaños. El animal más grande de la Tierra, la ballena azul, vive en el océano, al igual que billones de organismos que forman el plancton. El **plancton** es una masa de organismos minúsculos que flotan cerca de la superficie del agua. Muchos de ellos son productores: usan la fotosíntesis para fabricar su propio alimento. El plancton es la base de las cadenas alimenticias del océano. En la **figura 1** se muestra el plancton y un animal que se alimenta de plancton.

Comprensión de lectura **¿Qué es el plancton? ¿Qué importancia tiene para los ecosistemas marinos?** (*Consulta en el Apéndice las respuestas de comprensión de lectura.*)

plancton la masa de organismos principalmente microscópicos que flotan libremente o andan a la deriva en ambientes de agua dulce y salada.

Figura 1 *Los ecosistemas marinos tienen una gran diversidad de vida. Las ballenas jorobadas se alimentan de plancton.*

Temperatura

La temperatura del agua del océano disminuye a medida que la profundidad del agua aumenta. Sin embargo, el cambio de temperatura no es gradual. En la **figura 2** se muestran las tres zonas de temperatura del agua del océano. Como ves, la temperatura del agua en la zona de la superficie es mucho más cálida que la del resto del océano. La temperatura en la superficie varía de acuerdo con la latitud. Las áreas del océano que están a lo largo del ecuador son más cálidas que las áreas cercanas a los polos. Las temperaturas de la zona de la superficie también varían de acuerdo con el momento del año. Durante el verano, el hemisferio norte está inclinado hacia el Sol; por lo tanto, la zona de superficie es más cálida que durante el invierno.

La temperatura afecta a los animales que viven en los ecosistemas marinos. Por ejemplo, los peces que viven cerca de los polos están adaptados para vivir en aguas casi congeladas. Por el contrario, los animales que viven en los arrecifes de coral necesitan aguas cálidas para vivir. Algunos animales, como las ballenas, migran de áreas frías a áreas cálidas del océano para reproducirse. La temperatura del agua también afecta la alimentación de algunos animales, como los percebes. Si el agua es demasiado cálida o demasiado fría, es posible que estos animales no puedan alimentarse. Un cambio repentino en la temperatura puede ocasionar la muerte de estos animales.

Comprensión de lectura **¿Cómo afecta la temperatura a los animales marinos?**

Figura 2 Zonas de temperatura de los océanos

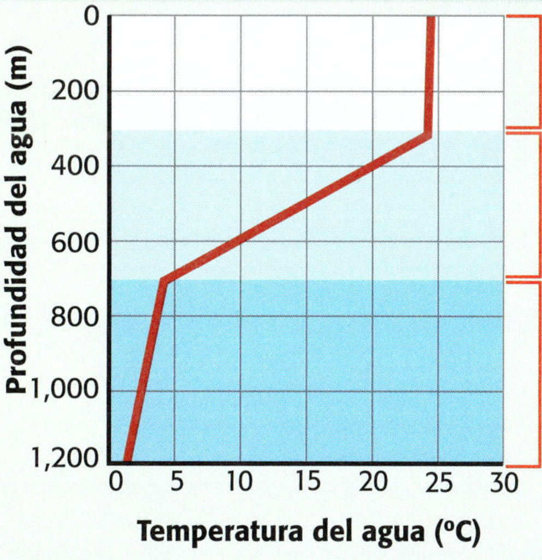

Zona de superficie La zona de superficie es la capa superior y cálida del agua oceánica que se extiende hasta 300 m debajo del nivel del mar. La luz solar calienta los 100 m superiores de la zona de superficie. Las corrientes superficiales mezclan el agua calentada con el agua más fría de abajo.

Termoclina La termoclina es la capa de agua que se extiende desde 300 m hasta 700 m debajo del nivel del mar. En esta zona la temperatura baja más rápido al aumentar la profundidad que en las otras dos zonas.

Zona profunda Esta capa inferior se extiende desde la base de la termoclina hasta el fondo del océano. La temperatura promedio de esta zona es de unos helados 2°C.

Profundidad y luz solar

Además de la temperatura del agua, la vida en el océano se ve afectada por la profundidad y la cantidad de luz solar que pasa a través del agua. Las principales zonas oceánicas se observan en la **figura 3.**

Zona intermareal

La zona intermareal es el lugar donde el océano se encuentra con la tierra. Esta área está expuesta al aire libre durante parte del día. Las olas rompen continuamente sobre la roca y la arena. Los animales que viven en esta zona están adaptados para sobrevivir a la exposición al aire y para no ser arrastrados por las olas.

Zona nerítica

Al alejarse de la costa hacia la zona nerítica, el agua se hace más profunda. El fondo del océano comienza a inclinarse hacia abajo. El agua es cálida y recibe mucha luz solar. Muchos animales y plantas interesantes, como los corales, tortugas marinas, peces y delfines, viven en esta zona.

Figura 3 *La vida en un ecosistema marino depende de la temperatura del agua, la profundidad y la cantidad de luz solar que reciba la zona.*

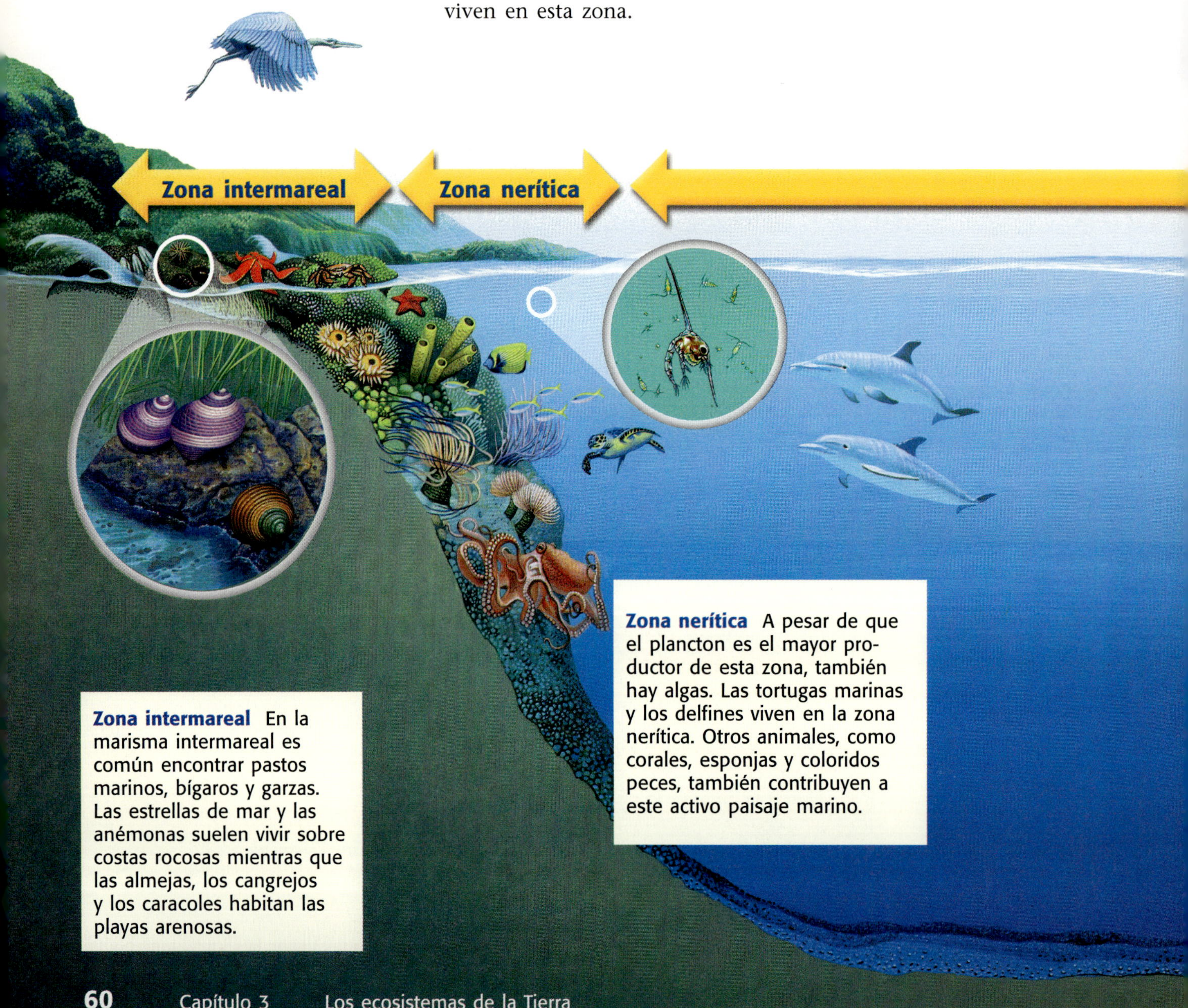

Zona intermareal En la marisma intermareal es común encontrar pastos marinos, bígaros y garzas. Las estrellas de mar y las anémonas suelen vivir sobre costas rocosas mientras que las almejas, los cangrejos y los caracoles habitan las playas arenosas.

Zona nerítica A pesar de que el plancton es el mayor productor de esta zona, también hay algas. Las tortugas marinas y los delfines viven en la zona nerítica. Otros animales, como corales, esponjas y coloridos peces, también contribuyen a este activo paisaje marino.

Zona oceánica

En la zona oceánica, el fondo del océano desciende bruscamente. Esta zona contiene el agua profunda del océano abierto. Podemos encontrar plancton cerca de la superficie del agua. Animales, como peces ballenas y tiburones viven en esta zona. Algunos animales de esta zona viven en aguas muy profundas. Estos animales a menudo obtienen alimentos de materiales que se hunden desde la superficie oceánica.

Zona béntica

La zona béntica es el fondo del océano. A las partes más profundas de la zona béntica no llega la luz solar. Son muy frías. Los animales, como peces, gusanos y cangrejos, tienen adaptaciones especiales para vivir en las aguas profundas y oscuras. Muchos de estos organismos obtienen alimentos de materiales que se hunden desde arriba. Algunos organismos, como las bacterias, obtienen energía de productos químicos que salen de chimeneas térmicas del fondo del océano. Las chimeneas térmicas se forman en grietas de la corteza terrestre.

Comprensión de lectura **¿Cómo obtienen alimentos los animales de la zona béntica?**

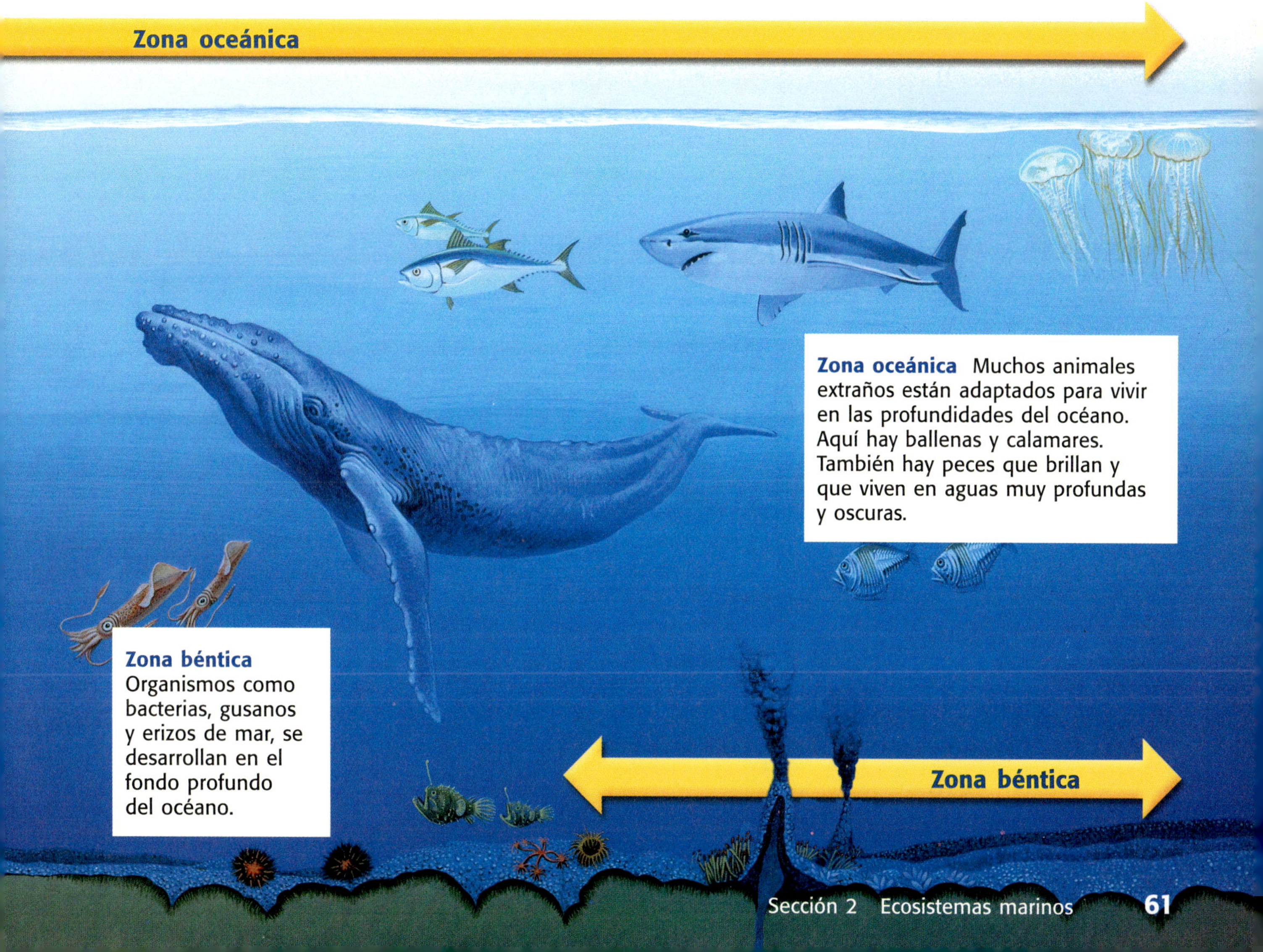

Zona oceánica Muchos animales extraños están adaptados para vivir en las profundidades del océano. Aquí hay ballenas y calamares. También hay peces que brillan y que viven en aguas muy profundas y oscuras.

Zona béntica Organismos como bacterias, gusanos y erizos de mar, se desarrollan en el fondo profundo del océano.

Una mirada desde más cerca

La vida sobre la Tierra depende del océano. A través de la evaporación, el océano da casi toda el agua que la Tierra necesita para las lluvias. La temperatura oceánica y las corrientes pueden afectar el clima del planeta y los vientos. Los seres humanos y muchos animales dependen del océano para alimentarse.

Existen muchos ecosistemas en el océano. Algunos de estos ecosistemas se ubican sobre la costa o cerca de la misma. Otros ecosistemas se encuentran en el medio del océano o cerca de los polos.

estuario área en donde se mezcla el agua dulce de los ríos con el agua salada del océano

Áreas intermareales

Las áreas intermareales se ubican cerca de la costa. Estas áreas incluyen las marismas, las playas arenosas y las costas rocosas. Los organismos intermareales deben poder vivir tanto bajo el agua como fuera de ella. Entre los organismos que viven en las marismas encontramos gusanos y cangrejos. Las aves de la costa se alimentan de estos animales. En las playas arenosas encontramos gusanos, almejas, cangrejos y plancton. En las costas rocosas, los organismos se han adaptado para evitar ser arrastrados por las olas que rompen allí. Algunos organismos se sujetan mediante estructuras similares a raíces que se denominan *prensas*. Otros organismos se sostienen a las rocas con un pegamento especial que liberan.

Figura 4 *Un arrecife de coral es uno de los ecosistemas con mayor diversidad biológica de la Tierra.*

Arrecifes de coral

La mayoría de los arrecifes de coral se encuentran en aguas cálidas y poco profundas de la zona nerítica. Los arrecifes están formados por pequeños animales denominados *corales*. Los corales viven en grandes grupos. Cuando los corales mueren, queda su esqueleto. Los nuevos corales crecen sobre estos restos. Con el paso del tiempo, las capas de esqueletos se acumulan y forman un arrecife. En este arrecife viven muchas plantas y animales marinos, como algas, peces de colores brillantes, esponjas, estrellas de mar y erizos de mar. En la **figura 4** se muestra un ejemplo de un arrecife de coral.

✓ Comprensión de lectura **¿Cómo se desarrollan los arrecifes de coral?**

Estuarios

La zona en donde el agua dulce de arroyos y ríos llega al océano se denomina **estuario.** En los estuarios, el agua dulce de los ríos y el agua salada del océano se mezclan continuamente. Por lo tanto, la cantidad de sal en el agua cambia en forma constante. Las plantas y animales que viven en los estuarios deben estar adaptados para sobrevivir a las concentraciones cambiantes de sal en el agua. El agua dulce que llega a un estuario es rica en nutrientes. Puesto que los estuarios son tan ricos en nutrientes, mantienen grandes cantidades de plancton. A su vez, el plancton provee de alimentos a muchos animales.

El mar de los Sargazos

En el medio del océano Atlántico encontramos un ecosistema que se denomina *mar de los Sargazos*. Este ecosistema contiene grandes cantidades de algas flotantes que se llaman *sargazo*. Muchos animales que viven en este mar son del mismo color que el sargazo, lo que los ayuda a esconderse de sus depredadores.

Hielo polar

El océano Ártico y el océano que rodea la Antártida constituyen otro ecosistema marino. Las aguas heladas son ricas en nutrientes y contienen grandes cantidades de plancton. Muchos peces, aves y mamíferos basan su alimentación en el plancton. En el hielo polar podemos encontrar animales como los osos polares y los pingüinos.

REPASO DE LA sección

Resumen

- Los factores abióticos que afectan los ecosistemas marinos son la temperatura del agua, la profundidad del agua y la cantidad de luz que penetra en el agua.
- El plancton forma la base de las cadenas alimenticias del océano.
- Las cuatro zonas oceánicas son la zona intermareal, la zona nerítica, la zona oceánica y la zona béntica.
- El océano tiene ecosistemas únicos, que incluyen las áreas intermareales, los arrecifes de coral, los estuarios, el mar de los Sargazos y el hielo polar.

Usar términos clave

1. Escribe una oración distinta con cada uno de los siguientes términos: *plancton* y *estuario*.

Comprender las ideas principales

2. La temperatura del agua
   a. no tiene ningún efecto en los animales de un ecosistema marino.
   b. afecta los tipos de organismos que pueden vivir en un ecosistema marino.
   c. disminuye en forma gradual a medida que el agua se vuelve más profunda.
   d. aumenta a medida que el agua se vuelve más profunda.
3. Menciona tres factores abióticos que afectan a los ecosistemas marinos.
4. Describe cuatro importantes zonas oceánicas.
5. Describe cinco ecosistemas marinos. Por cada ecosistema, menciona un organismo que viva en él.

Destrezas matemáticas

6. El océano cubre alrededor del 71% de la superficie de la Tierra. Si la superficie terrestre total es de aproximadamente 510 millones de kilómetros cuadrados, ¿cuántos kilómetros cuadrados cubre el océano?

Razonamiento crítico

7. **Inferir** Para ocultarse de sus depredadores, los animales del mar de los Sargazos se mezclan con el sargazo. El color es sólo una forma de mezclarse con el entorno. Menciona otra forma en que los animales pueden ocultarse entre el sargazo.
8. **Identificar relaciones** Muchos peces y otros organismos que viven en la profundidad del océano producen luz. Menciona dos formas en las que esta luz es útil.
9. **Aplicar conceptos** Imagina que estás estudiando los animales que viven en las zonas intermareales. Acabas de descubrir un nuevo animal. Describe el animal y sus adaptaciones para sobrevivir en la zona intermareal.

SCILINKS® NSTA
Desarrollo y mantenimiento a cargo de la Asociación Nacional de Maestros de Ciencias

Para ver diversos enlaces relacionados con este capítulo, visita www.scilinks.org
Tema*: Ecosistemas marinos
Código de SciLinks: HSM0911

*(Sólo en inglés)

SECCIÓN 3

Ecosistemas de agua dulce

PREPARACIÓN PARA LA LECTURA

Objetivos

- Describe un factor abiótico que afecte a los ecosistemas de agua dulce.
- Describe las tres zonas de un lago.
- Describe dos ecosistemas de terrenos pantanosos.
- Explica cómo se transforma un lago en un bosque.

Términos clave

zona litoral
zona de aguas abiertas
zona de aguas profundas
pantano
ciénaga
terreno pantanoso

ESTRATEGIA DE LECTURA

Resumen en parejas Lee esta sección en silencio. Túrnate con un compañero para resumir el material. Hagan pausas para comentar las ideas que les resulten confusas.

Un arroyo sale de las rocas. Un río potente pasa con mucho ruido a través de un cañón. En una tranquila ciénaga se oyen los ecos de las ranas y aves. ¿En qué se parecen estos lugares?

Los arroyos, los ríos y las ciénagas son ejemplos de ecosistemas de agua dulce. El agua de los arroyos y ríos a menudo se mueve con rapidez. En las ciénagas, el agua se mueve muy lentamente. Además, el agua de las ciénagas suele estar estancada.

Ecosistemas de arroyos y ríos

El agua de arroyos, riachuelos y ríos puede provenir del deshielo o la nieve derretida. También puede venir de un manantial. Un manantial es un lugar en donde el agua fluye desde el subsuelo hacia la superficie terrestre. Cada curso de agua que fluye a un curso mayor se denomina *afluente*. Cuantos más afluentes fluyan hacia un curso, más agua tendrá ese curso. El curso se vuelve más fuerte y más ancho. Un arroyo ancho y caudaloso se denomina *río*. En la **figura 1** se muestra cómo se desarrolla un río.

Al igual que otros ecosistemas, los ecosistemas de agua dulce se caracterizan por sus factores abióticos. Un factor abiótico importante en los ecosistemas de agua dulce es la velocidad a la que se mueve el agua.

Los arroyos y ríos están llenos de vida. Las plantas bordean los ríos y arroyos. Los peces viven en las aguas abiertas. En el lodo del fondo de los arroyos o ríos habitan almejas y caracoles. Los organismos que viven en las aguas que se mueven rápidamente tienen adaptaciones especiales para no ser arrastrados. Algunos productores, como las algas y los musgos, están adheridos a las rocas. Los consumidores, como los renacuajos, utilizan ventosas para sujetarse a las rocas. Otros consumidores, como los insectos, viven debajo de las rocas.

Figura 1 *Los ríos se agrandan a medida que se unen a ellos más afluentes.*

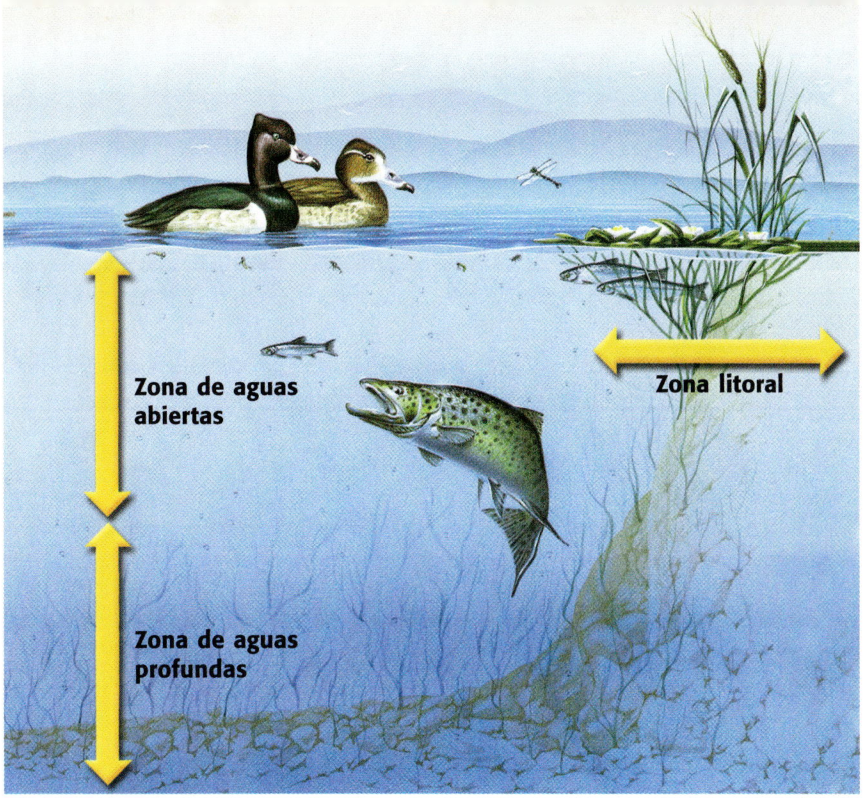

Figura 2 *Los lagos y lagunas pueden dividirse en tres zonas. Cada zona tiene organismos y factores abióticos diferentes.*

Ecosistemas de lagunas y lagos

Los lagos y lagunas poseen ecosistemas distintos a los de arroyos y ríos. En la **figura 2** se muestran las zonas de un lago típico.

La vida cerca de la orilla

La zona de agua más cercana a la orilla de un lago o laguna se denomina **zona litoral.** La luz solar llega al fondo de la zona litoral. Esta luz solar posibilita el crecimiento de algas y plantas en esta zona. Las algas crecen debajo de la superficie del agua de la zona litoral. Entre las plantas que crecen cerca de la orilla encontramos tules y juncos. Las plantas de hojas flotantes, como los nenúfares, crecen más alejados de la orilla. En las plantas de la zona litoral viven animales pequeños, como caracoles e insectos. Las almejas y gusanos se entierran en el lodo. Ranas, salamandras, tortugas, peces y serpientes también viven en estas zonas.

La vida lejos de la orilla

El área del lago o de la laguna que se extiende desde la zona litoral hasta la parte superior del agua se denomina **zona de aguas abiertas.** La zona de aguas abiertas va hasta donde llega la luz solar. En esta zona viven lubinas, truchas de lago y otros peces. También en esta zona vive mucho plancton fotosintético. Debajo de la zona de aguas abiertas se encuentra la **zona de aguas profundas** adonde no llega la luz solar. Allí viven bagres, carpas, gusanos, crustáceos, hongos y bacterias. Estos organismos se alimentan de organismos muertos que se hunden desde arriba.

Comprensión de lectura **Describe las tres zonas de un lago.**
(Consulta en el Apéndice las respuestas de comprensión de lectura.)

Experimento rápido

Relaciones de alimentación en la laguna

1. En **tarjetas,** escribe el nombre de algunas plantas y animales que vivan en una típica laguna o lago pequeño de agua dulce. Escribe un tipo de organismo en cada tarjeta.
2. Utiliza un **hilo** o **cordel** para conectar cada organismo a su fuente de alimento.
3. Describe las relaciones alimenticias de una laguna.

zona litoral zona superficial de un lago o laguna en donde la luz llega hasta el fondo y nutre a las plantas

zona de aguas abiertas zona de un lago o laguna que se extiende desde la zona litoral y cuya profundidad alcanza hasta donde llega la luz

zona de aguas profundas zona de un lago o laguna debajo de la zona de aguas abiertas a donde no llega la luz

Figura 3 *Esta tortuga pintada toma sol sobre un tronco en un pantano de agua dulce.*

Ecosistemas pantanosos

Un área de tierra que a veces está bajo el agua o cuyo suelo contiene una gran cantidad de humedad se denomina **terreno pantanoso.** En los terrenos pantanosos viven muchas plantas y animales diferentes. Los terrenos pantanosos también tienen un papel importante en el control de las inundaciones. Durante las fuertes lluvias o el deshielo en primavera, los terrenos pantanosos absorben grandes cantidades de agua. El agua de los terrenos pantanosos también se va hasta zonas más profundas de la tierra. Por lo tanto, los terrenos pantanosos ayudan a reabastecer las provisiones de agua subterránea.

Pantanos

Un ecosistema pantanoso sin árboles donde crecen plantas como el pasto se denomina **pantano.** En la **figura 3** se muestra un pantano de agua dulce. Los pantanos de agua dulce suelen estar en áreas poco profundas alrededor de las orillas de lagos, lagunas, ríos y arroyos. Las plantas de los pantanos varían de acuerdo con la profundidad del agua y la ubicación de los pantanos. Aquí son comunes los pastos, los juncos, los tules y el arroz silvestre. En los pantanos también viven ratas almizcleras, tortugas, ranas y aves.

Ciénagas

Un ecosistema pantanoso en donde crecen árboles y enredaderas se denomina **ciénaga.** Las ciénagas, como se muestra en la **figura 4,** se encuentran en áreas bajas y al lado de ríos lentos. La mayoría de las ciénagas están inundadas la mayor parte del año, dependiendo de las lluvias. Los sauces, cipreses calvos y robles son árboles típicos de ciénaga. Enredaderas, como la hiedra venenosa, trepan por los troncos de los árboles, y plantas, como las orquídeas, pueden colgar de las ramas de los árboles. Los nenúfares y otras plantas crecen en el agua estancada. Muchos peces, serpientes y aves también habitan las ciénagas.

Comprensión de lectura ¿Qué es una ciénaga?

terreno pantanoso área de tierra que se encuentra periódicamente bajo el agua o que cuyo suelo contiene una gran cantidad de humedad

pantano ecosistema pantanoso sin árboles en donde crecen plantas como el pasto

ciénaga ecosistema pantanoso en donde crecen árboles y arbustos

CONEXIÓN CON las artes del lenguaje

Palabras compuestas Una palabra compuesta es una palabra formada por dos o más palabras simples. En tu **diario de ciencias** define las dos palabras que forman la palabra *cuentagotas.* Luego, define tres palabras compuestas más.

Figura 4 *Los troncos de estos árboles están adaptados para dar mayor soporte a los árboles en el suelo húmedo y blando de la ciénaga.*

De un lago a un bosque

¿Sabías que un lago o una laguna pueden desaparecer? ¿Cómo puede pasar? El agua que entra a una masa de agua estancada suele traer consigo nutrientes y sedimentos. Estos materiales se depositan en el fondo del lago o laguna. Las hojas muertas de los árboles cercanos y los restos de las plantas y animales que mueren también se depositan en el fondo. Luego, las bacterias descomponen ese material. Este proceso usa oxígeno del agua. La pérdida de oxígeno afecta a las clases de animales que pueden sobrevivir en una laguna o un lago. Por ejemplo, muchos peces no podrían vivir con menos oxígeno en el agua.

Con el paso del tiempo, la laguna o el lago se llena de sedimento. En el nuevo suelo crecen plantas. Las áreas menos profundas se llenan primero. Entonces, las plantas crecen lentamente cada vez más cerca del centro de la laguna o el lago. Lo que queda del lago o la laguna se convierte en un terreno pantanoso, como un pantano o una ciénaga. Con el tiempo, el terreno pantanoso puede convertirse en un bosque.

Comprensión de lectura **¿Qué pasa con algunos animales que viven en una laguna si ésta se convierte en un bosque?**

ACTIVIDAD EN INTERNET

Para hacer otra actividad relacionada con este capítulo, visita **go.hrw.com** y escribe la palabra clave **HL5ECOW.** (Disponible sólo en inglés)

REPASO DE LA sección

Resumen

- Un factor abiótico importante en los ecosistemas de agua dulce es la velocidad a la que se mueve el agua.
- Las tres zonas de una laguna o un lago son la zona litoral, la zona de aguas abiertas y la zona de aguas profundas.
- Los terrenos pantanosos incluyen los pantanos y las ciénagas.
- Los sedimentos y la materia en descomposición de los animales y de las plantas se acumulan en una laguna. Con el tiempo, la laguna puede llenarse por completo y convertirse en bosque.

Usar términos clave

1. Escribe una sola oración con los siguientes términos: *terreno pantanoso, pantano* y *ciénaga.*

Comprender las ideas principales

2. Un factor abiótico importante en los ecosistemas de agua dulce es
   a. la fuente del agua.
   b. la velocidad del agua.
   c. el ancho del arroyo o río.
   d. Ninguna de las anteriores
3. Describe las tres zonas de un lago.
4. Explica de qué forma un lago puede convertirse en bosque con el tiempo.

Destrezas matemáticas

5. La luz solar penetra un lago hasta una profundidad de 15 m. El lago tiene una profundidad cinco veces y media mayor a la profundidad que la luz es capaz de penetrar. En metros, ¿qué profundidad tiene el lago?

Razonamiento crítico

6. **Inferir** Cuando las bacterias descomponen material en una laguna, es posible que se consuma todo el oxígeno del agua. Por lo tanto, los peces en la laguna mueren. ¿Cómo podría la ausencia de peces llevar a que la laguna se llene con mayor rapidez?
7. **Aplicar conceptos** Imagina un arroyo empinado y rocoso. ¿Qué clases de adaptaciones podrían tener los animales que viven en este arroyo? Explica tu respuesta.

SCILINKS. NSTA Desarrollo y mantenimiento a cargo de la Asociación Nacional de Maestros de Ciencias

Para ver diversos enlaces relacionados con este capítulo, visita www.scilinks.org

Tema*: Ecosistemas de agua dulce

Código de SciLinks: HSM0621

*(Sólo en inglés)

Laboratorio de destrezas

¿Demasiado de algo bueno?

Las plantas necesitan nutrientes como fosfatos y nitratos para poder crecer. Los fosfatos se encuentran a menudo en los detergentes. Los nitratos suelen encontrarse en los desechos animales y en los fertilizantes. Cuando ingresan grandes cantidades de estos nutrientes a los lagos y ríos, las algas y las plantas crecen rápidamente y luego mueren. Los microorganismos que descomponen la materia muerta consumen el oxígeno del agua. Sin oxígeno, los peces y otros animales mueren. En esta actividad, observarás el efecto de los fertilizantes en los organismos que viven en una laguna.

OBJETIVOS

Dibuja organismos comunes del agua de laguna.

Observa el efecto de un fertilizante en los organismos del agua de laguna.

Describe cómo afecta el fertilizante a la cantidad y el tipo de los organismos que habitan las lagunas con el paso del tiempo.

MATERIALES

- agitador
- agua de laguna que contenga organismos vivos, 300 mL
- agua destilada, 2.25 L
- cuentagotas
- envoltorio plástico
- fertilizante
- frascos de 1 cto. de galón o 1 L (3)
- guantes protectores
- lápiz de cera
- microscopio
- portaobjetos con cubreobjetos
- probeta, 100 mL
- vaso de precipitados de 500 mL

SEGURIDAD

Procedimiento

1. Escribe "Testigo" en un frasco, "Fertilizante" en otro y "Fertilizante en exceso" en un tercero.
2. Vierte 750 mL de agua destilada en cada frasco. Al frasco "Fertilizante" agrégale la cantidad de fertilizante recomendada para 750 mL de agua. Al frasco "Fertilizante en exceso" agrégale 10 veces la cantidad recomendada para 750 mL de agua. Revuelve el contenido de cada frasco para disolver el fertilizante.
3. Consigue una muestra de agua de laguna. Revuélvela suavemente para asegurarte que los organismos se distribuyan uniformemente. Vierte 100 mL de agua de laguna en cada uno de los frascos.
4. Observa una gota de agua de cada uno de los frascos en el microscopio. Dibuja al menos cuatro de los organismos. Determina si los organismos que ves son productores, que suelen ser verdes, o consumidores, que en general se pueden mover. Describe la cantidad y el tipo de organismos del agua de laguna.

Organismos comunes de agua de laguna

Volvox (productor) ***Spirogyra*** (productor) ***Daphnia*** (consumidor) ***Vorticella*** (consumidor)

5. Cubre cada frasco sin apretar demasiado con un envoltorio plástico. Ubica a los frascos cerca de una ventana soleada, pero sin luz solar directa.

6. Predice cómo crecerán los organismos de la laguna en cada uno de los frascos.

7. Realiza tres tablas de datos. Titula una de las tablas "Testigo", como se muestra en la figura siguiente. Titula las otras dos "Fertilizante" y "Fertilizante en exceso".

Testigo			
Fecha	Color	Olor	Otras observaciones

NO ESCRIBAS EN EL LIBRO.

8. Observa los frascos cuando los prepares por primera vez y una vez cada 3 días durante 3 semanas. Observa el color, el olor y la presencia de organismos. Anota tus observaciones.

9. Cuando los organismos se vuelvan visibles en los frascos, utiliza un cuentagotas para retirar una muestra de cada frasco y obsérvala en el microscopio. ¿Cómo cambiaron la cantidad y el tipo de organismos desde la primera vez que miraste el agua de laguna?

10. Luego del período de 3 semanas, observa una muestra de cada uno de los frascos en el microscopio. Dibuja por lo menos cuatro de los organismos más abundantes y describe cómo cambiaron la cantidad y el tipo de organismos desde tu última observación al microscopio.

Analiza los resultados

1. **Describir sucesos** Luego de 3 semanas, ¿qué frasco tiene el mayor crecimiento de algas?

2. **Analizar datos** ¿Observaste algún efecto sobre los organismos (que no sean algas) en el frasco con el mayor crecimiento de algas? Explica tu respuesta.

Saca conclusiones

3. **Sacar conclusiones** ¿Qué puede haber causado el crecimiento en los frascos?

4. **Evaluar resultados** ¿Tus observaciones coincidieron con tus predicciones? Explica tu respuesta.

5. **Interpretar la información** Las plantas y animales en descomposición ayudan a que los lagos y lagunas se llenen. ¿Cómo podría evitarse o retrasarse el proceso de llenado de los lagos y las lagunas?

Repaso del capítulo

USAR TÉRMINOS CLAVE

1. Define los siguientes términos en tus propias palabras: *bioma* y *tundra*.

2. Escribe una oración distinta con cada uno de los siguientes términos: *zona intermareal, zona nerítica* y *zona oceánica*.

Explica la diferencia entre los siguientes pares de términos.

3. *sabana* y *desierto*

4. *zona de aguas abiertas* y *zona de aguas profundas*

5. *pantano* y *ciénaga*

COMPRENDER LAS IDEAS PRINCIPALES

Opción múltiple

6. Los árboles que pierden sus hojas en el invierno se llaman
   a. árboles perennes.
   b. coníferas.
   c. árboles caducifolios.
   d. Ninguna de las anteriores

7. ¿En qué zona oceánica importante las plantas y los animales están expuestos al aire durante una parte del día?
   a. zona intermareal
   b. zona nerítica
   c. zona oceánica
   d. zona béntica

8. Un factor abiótico que afecta los ecosistemas marinos es
   a. la temperatura del agua.
   b. la profundidad del agua.
   c. la cantidad de luz solar que penetra el agua.
   d. Todas las anteriores

9. _____ es un ecosistema marino con marismas, playas de arena y costas rocosas.
   a. Un área intermareal
   b. El hielo polar
   c. Un arrecife de coral
   d. El mar de los Sargazos

Respuesta breve

10. Menciona siete biomas terrestres.

11. Explica cómo un pequeño lago puede convertirse en bosque.

12. Menciona dos factores que caracterizan a los biomas.

13. Describe las tres zonas de un lago.

14. ¿Cómo se forman los ríos?

15. Menciona tres factores abióticos de los biomas terrestres, tres factores abióticos de los ecosistemas marinos y un factor abiótico de los ecosistemas de agua dulce.

RAZONAMIENTO CRÍTICO

16 **Mapa de conceptos** Crea un mapa de conceptos con los siguientes términos: *plantas y animales, selva tropical, tundra, biomas, permafrost, dosel vegetal, desierto* y *factores abióticos*.

17 **Inferir** El plancton usa la fotosíntesis para producir su propio alimento. Necesita de la luz solar para la fotosíntesis. ¿Cuál de las cuatro principales zonas oceánicas es buena para el crecimiento del plancton? Explica tu respuesta.

18 **Predecir consecuencias** Los terrenos pantanosos, tales como los pantanos y las ciénagas, tienen un papel importante en el control de las inundaciones. Los terrenos pantanosos también ayudan a renovar las reservas de agua subterránea. Predice qué sucederá si se seca un terreno pantanoso.

19 **Analizar ideas** Un científico tiene una nueva hipótesis: piensa que las sabanas y los desiertos son parte de un solo bioma en lugar de dos biomas diferentes. En base a lo que has aprendido, decide si la hipótesis del científico es correcta. Explica tu respuesta.

20 **Aplicar conceptos** Imagina que eres un científico. Estás estudiando un área que recibe alrededor de 100 cm de lluvia al año. Las temperaturas promedio del verano se acercan a los 30°C. ¿En qué bioma te encuentras? Menciona algunas plantas y algunos animales que podrías encontrar. Si vas a quedarte en esta área hasta el invierno, ¿qué tipo de preparativos debes hacer?

INTERPRETAR GRÁFICAS

Consulta las gráficas para contestar las siguientes preguntas.

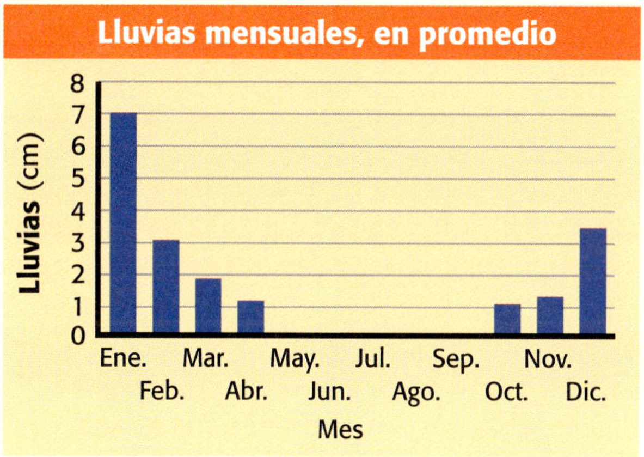

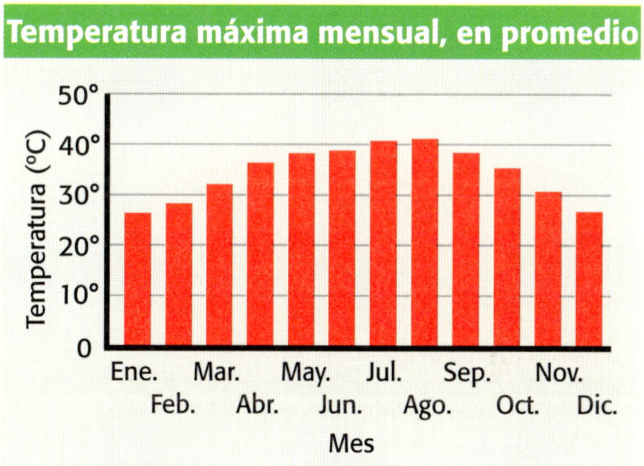

21 ¿Qué bioma se encuentra con mayor probabilidad en la región que se describe en las gráficas anteriores? Explica tu respuesta.

22 ¿Cuántos centímetros de lluvia cayeron en la región durante el año?

23 ¿Qué mes es el más caluroso en la región? ¿Cuál es el más frío?

24 ¿Cuál es el promedio mensual de lluvias del mes que tiene en promedio la temperatura máxima más alta?

Preparación para los exámenes estandarizados

LECTURA

Lee los siguientes pasajes. Luego, contesta las preguntas correspondientes.

Pasaje 1 Billy tiene un folleto de un campamento que dice ser el campamento de verano más aventurero del mundo. Billy no puede esperar para ir al campamento y divertirse al aire libre. Para prepararse, verifica su lista de equipaje, que incluye lo siguiente: ropa de verano liviana, pantalla solar, equipo de lluvia, una chaqueta abrigada, una máscara de esquí y guantes gruesos. La lista le parece extraña a Billy. Él pensaba que viajaría a un solo destino, así que, ¿por qué necesita una variedad tan grande de prendas de vestir? Billy vuelve a leer el folleto y lee que los campistas "escalarán los biomas del mundo en sólo tres días". El destino es la montaña más alta de África: el Kilimanjaro.

1. En este pasaje, ¿qué crees que significa la palabra *destino?*

- **A** campamento
- **B** vacaciones
- **C** lugar
- **D** montaña

2. ¿Cuál de las siguientes oraciones es verdadera según el pasaje?

- **F** La gente esquía en el Kilimanjaro.
- **G** El Kilimanjaro es la montaña más alta de África.
- **H** Llueve mucho en el Kilimanjaro.
- **I** Los veranos son fríos en el Kilimanjaro.

3. ¿Por qué podría preguntarse Billy si el folleto hablaba de un solo lugar?

- **A** El folleto llamaba al campamento el campamento de verano más aventurero del mundo.
- **B** El folleto decía que necesitaría ropa de verano liviana y pantalla solar.
- **C** El folleto decía que necesitaría ropa de verano liviana y una chaqueta abrigada.
- **D** El folleto decía que los veranos son fríos en el Kilimanjaro.

Pasaje 2 La capa de suelo sobre el permafrost es demasiado delgada como para que puedan vivir plantas con raíces profundas. Los pastos y arbustos sobreviven porque tienen raíces poco profundas. Una capa de musgos y líquenes crece por debajo de estas plantas. Cuando el suelo que está sobre el permafrost se descongela, el suelo se vuelve lodoso y es un lugar excelente para que insectos, como los mosquitos, pongan huevos. Muchas aves pasan el verano en la tundra para alimentarse de estos insectos. Entre los animales de la tundra encontramos caribúes, bueyes almizcleros, lobos y otros grandes mamíferos. También hay animales más pequeños, como los lemmings, musarañas y liebres.

1. ¿Cuál de las siguientes oraciones sobre el permafrost es verdadera según el pasaje?

- **A** Los árboles necesitan más luz solar que la que hay allí.
- **B** Las raíces de los árboles necesitan más espacio que el que encuentran allí.
- **C** El suelo sobre el permafrost se vuelve demasiado lodoso para los árboles.
- **D** Los árboles necesitan más agua que la que hay allí.

2. ¿Cuál de las siguientes oraciones sobre el permafrost es verdadera según el pasaje?

- **F** Es una capa de suelo descongelada.
- **G** Está siempre húmeda.
- **H** Está siempre congelada.
- **I** Es poco profunda.

3. ¿Cuál de las siguientes oraciones es verdadera según el pasaje?

- **A** El suelo lodoso es un excelente lugar para que crezcan musgos y líquenes.
- **B** Las aves vuelan hacia el norte para estar en la tundra durante el verano.
- **C** Los caribúes y bueyes son algunos de los grandes mamíferos que viven en la tundra.
- **D** La tundra es un bioma hermoso donde viven diversas comunidades.

INTERPRETAR GRÁFICAS

El siguiente mapa muestra los biomas de Australia. Consulta el mapa para contestar las siguientes preguntas.

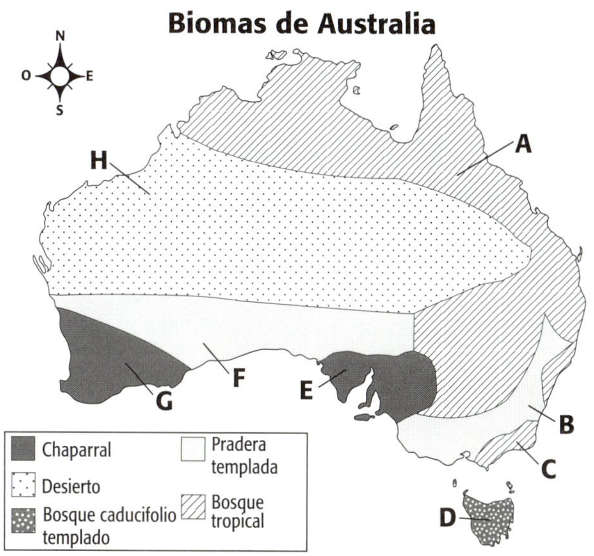

1. ¿Qué letras del mapa corresponden a zonas de chaparral?

A A y C
B B y F
C C y E
D E y G

2. Si vivieras en una zona marcada con la letra F, ¿en qué bioma vivirías?

F desierto
G pradera templada
H bosque caducifolio templado
I selva tropical

3. Si desearas vivir en bioma forestal, ¿a qué letras correspondería esa zona?

A A, B y D
B A, C y D
C B, C y D
D C, D y E

4. ¿Qué letra corresponde al desierto?

F A
G D
H F
I H

MATEMÁTICAS

Lee las siguientes preguntas y escoge la mejor respuesta.

1. Larry desea comprarse una cubierta de vidrio para la mesa del laboratorio de ciencias de su casa. La cubierta mide 1 m de ancho y 2 m de largo. ¿Cuántos metros cuadrados tiene la superficie de la cubierta de vidrio?

A 2 m
B 2 m^2
C 3 m^2
D 6 m^2

2. Una buceadora estuvo buceando en un arrecife de coral. El viernes exploró durante 1 hora y media y el sábado estuvo el doble de horas que el primer día. ¿Qué ecuación podría usarse para encontrar *n*, el número total de horas que la buceadora estuvo explorando el viernes y el sábado?

F $n = 2 \div 1.5$
G $n = 1.5 + (2 \times 1.5)$
H $n = 1.5 + 1.5 + 2$
I $n = 2 \times 1.5$

3. ¿Cómo expresas $5 \times 5 \times 5 \times 5 \times 2 \times 2 \times 2$ en notación exponencial?

A $(5 \times 4) + (2 \times 3)$
B $5^4 \times 2^3$
C $4^5 \times 3^2$
D $5^7 \times 2^7$

4. La selva tropical recibe hasta 400 cm de lluvia por año. El desierto recibe hasta 25 cm de lluvia por año. ¿Cuál de las siguientes fracciones simplificadas compara las lluvias del desierto con las lluvias de la selva?

F 1/400
G 1/25
H 1/16
I 16

Preparación para los exámenes estandarizados

La ciencia en acción

Debate científico

Desarrollo de terrenos pantanosos

Los terrenos pantanosos albergan a muchas plantas con flores, aves y tortugas. También tienen un papel importante en el control de inundaciones y en el mantenimiento de la calidad del agua. Sin embargo, dado que cada vez más personas necesitan hogares, almacenes y otras instalaciones, se están desarrollando algunos terrenos pantanosos para la construcción. Los gobiernos estatales a menudo regulan el desarrollo de los terrenos pantanosos. El desarrollo no está permitido en muchos terrenos pantanosos que son ambientalmente sensibles. Pero a veces está permitido en terrenos que son menos sensibles. Sin embargo, algunos piensan que los terrenos pantanosos deberían estar protegidos independientemente de la sensibilidad del área.

ACTIVIDAD de artes del lenguaje

DESTREZA DE REDACCIÓN Investiga acerca del desarrollo de los terrenos pantanosos. Luego, escribe una carta en la que expreses tu opinión acerca del desarrollo de los terrenos pantanosos.

Descubrimientos científicos

Chimeneas oceánicas

Imagina las partes más profundas del océano. No hay nada de luz y hace mucho frío. Algunos de los animales que viven allí han encontrado un lugar extraordinario para vivir: chimeneas en el fondo del océano. El agua se filtra hacia la Tierra entre las placas del fondo del océano. El agua se calienta y absorbe gases sulfúricos. Cuando el agua sube con fuerza a través de las chimeneas oceánicas, la temperatura oceánica se eleva cientos de grados. Las bacterias usan los gases de las chimeneas oceánicas para sobrevivir. A su vez, los mejillones y almejas se alimentan de bacterias. Sin las chimeneas oceánicas, sobrevivir sería mucho más difícil para estos organismos.

ACTIVIDAD de matemáticas

Una chimenea térmica sube la temperatura del agua a su alrededor hasta 360°C. Si la temperatura del agua era de 2°C, ¿qué diferencia de temperatura hay? ¿En qué porcentaje subió la temperatura?

Profesiones

Alfonso Alonso-Mejía

Ecologista Durante el invierno, el ecologista Alfonso Alonso-Mejía visita sitios en el centro de México en donde millones de mariposas monarca pasan el invierno. Lamentablemente, la actividad humana está amenazando el hábitat de invierno de las mariposas monarca. Sólo quedan nueve lugares en los que las mariposas monarca pasan el invierno. Cinco de estos lugares están reservados como santuarios para ellas, pero están amenazados por la gente que corta abetos para leña o fines comerciales.

Alonso-Mejía descubrió que las mariposas monarca dependían del sotobosque, arbustos que crecen debajo de los abetos, para sobrevivir. Cuando la temperatura es baja, las mariposas monarca pueden trepar por el sotobosque hasta 10 cm sobre el nivel de la tierra. Esta pequeña diferencia de altura les permite a las mariposas monarca encontrar el calor necesario para sobrevivir. Gracias al descubrimiento de Alonso-Mejía, los conservacionistas mexicanos trabajan para proteger el sotobosque y las mariposas monarca.

ACTIVIDAD de estudios sociales

Con la ayuda de libros o de Internet investiga las rutas que siguen las mariposas monarca para emigrar a México. Dibuja un mapa en el que ilustres tus hallazgos.

go.hrw.com

Para aprender más sobre los temas de "La ciencia en acción", visita **go.hrw.com** y escribe la palabra clave **HL5ECOF.** (Disponible sólo en inglés)

Ciencia actual

Visita go.hrw.com y consulta los artículos de Ciencia actual *(Current Science®)* **relacionados con este capítulo. Sólo escribe la palabra clave HL5CS20.** (Disponible sólo en inglés)

4

Problemas ambientales y soluciones

Acerca de la FOTO

Después de un derrame de petróleo, un grupo de voluntarios intentan capturar pingüinos cubiertos de petróleo. El petróleo afecta la capacidad de flotar de los pingüinos. Por lo tanto, los pingüinos cubiertos de petróleo a menudo no entran al agua para obtener alimentos. Además, los pingüinos pueden tragar el petróleo, que daña su estómago, riñones y pulmones. Una vez capturados, a los pingüinos se les da carbón activado. El carbón ayuda a los pingüinos a eliminar el petróleo que tragaron. Luego, se lava a las aves para quitarles el petróleo de las plumas.

ACTIVIDAD PARA ANTES DE LEER

Rotafolio de dos paneles Antes de leer el capítulo, prepara las notas plegadas en forma de "Rotafolio de dos paneles", tal y como se explica en la sección **Destrezas de estudio** del Apéndice. En las pestañas del rotafolio, escribe los rótulos "Problemas ambientales" y "Soluciones". Mientras lees el capítulo, escribe lo que vayas aprendiendo sobre cada categoría en la pestaña correspondiente.

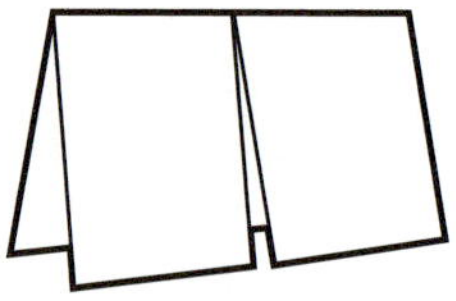

ACTIVIDAD INICIAL

Reciclar papel

En esta actividad, harás papel sin cortar árboles. Vas a reutilizar papel ya fabricado.

Procedimiento

1. Corta **dos hojas de papel de periódico viejo** en trozos y ponlos en una **licuadora.** Agrega **1 L de agua.** Tapa y licua hasta que la mezcla esté espesa.
2. Llena un **recipiente cuadrado** con agua hasta una profundidad de 2 cm a 3 cm. Pon encima una **malla de alambre.** Vierte 250 mL de la mezcla de papel sobre la malla y distribúyela en forma pareja.
3. Retira del agua la malla con el papel. Escurre el exceso de agua en el recipiente.
4. Ubica la malla dentro de **una sección de periódico.** Cierra el periódico y dalo vuelta de manera que la malla quede encima de la mezcla de papel.
5. Cubre el periódico con una **tabla plana.** Presiona la tabla para escurrir el exceso de agua.
6. Abre el periódico y deja que la mezcla de papel se seque durante la noche. ¡Usa tu papel reciclado para escribirle una nota a un amigo!

Análisis

1. ¿En qué se parece tu papel al papel común? ¿En qué se diferencia?
2. ¿Qué puedes hacer para mejorar tus métodos de fabricación de papel?

SECCIÓN 1

Problemas ambientales

Es posible que hayas oído advertencias sobre el aire, el agua y el suelo contaminados. O acerca de la destrucción de la selva tropical. Estas advertencias, ¿significan que nuestro ambiente está en peligro?

A finales del siglo XVIII comenzó la Revolución Industrial. La gente empezó a usar cada vez más máquinas. Como resultado, se liberaron más sustancias dañinas en el aire, el agua y el suelo.

PREPARACIÓN PARA LA LECTURA

Objetivos

- Enumera cinco tipos de contaminantes.
- Diferencia entre los recursos renovables y no renovables.
- Describe el impacto de las especies exóticas.
- Explica por qué ha aumentado el crecimiento de la población humana.
- Describe cómo la destrucción del hábitat afecta a la biodiversidad.
- Da dos ejemplos de cómo la contaminación afecta a los seres humanos.

Términos clave

contaminación
recurso renovable
recurso no renovable
sobrepoblación
biodiversidad

ESTRATEGIA DE LECTURA

Organizador de lectura Mientras lees esta sección, haz un mapa de conceptos con los términos de la lista anterior.

La contaminación

En la actualidad, las máquinas no producen tanta contaminación como lo hacían antes. Pero hay más fuentes de contaminación que las que había antes. La **contaminación** es un cambio no deseado en el medio ambiente causado por sustancias, como los desechos, o formas de energía, como la radiación. Cualquier cosa que causa contaminación se llama *contaminante*. Algunos contaminantes son producto de sucesos naturales, como las erupciones volcánicas. Muchos contaminantes son fabricados por los seres humanos. Los contaminantes pueden dañar a las plantas, a los animales y a los seres humanos.

contaminación un cambio no deseado en el medio ambiente, causado por sustancias o por formas de energía

Basura

El estadounidense promedio desecha más basura que la persona promedio de cualquier otra nación, alrededor de 12 kg de basura por semana. Esta basura a menudo va a un vertedero de basura como el que muestra la **figura 1.** Otros vertederos de basura contienen residuos médicos, pintura con plomo y otros desechos peligrosos. Los *desechos peligrosos* incluyen desechos que pueden prenderse fuego, corroer metales, explotar o enfermar a las personas. Muchas industrias, como las fábricas de papel y las refinerías de petróleo, producen desechos peligrosos.

Comprensión de lectura **¿Qué son los desechos peligrosos?**
(Consulta en el Apéndice las respuestas de comprensión de lectura.)

Figura 1 *Cada año, los estadounidenses desechan alrededor de 200 millones de toneladas métricas de basura.*

Figura 2 *Los fertilizantes promueven el crecimiento de las algas. A medida que las algas se descomponen, se agota el oxígeno del agua. Por lo tanto los peces mueren porque no pueden obtener oxígeno.*

Compuestos químicos

Las personas necesitan y usan muchos compuestos químicos. Algunos compuestos químicos se usan para tratar enfermedades. Otros se usan para producir plásticos y alimentos conservados. Algunas veces, los mismos compuestos químicos que ayudan a las personas pueden dañar el ambiente. Como se muestra en la **figura 2,** los fertilizantes y pesticidas pueden contaminar el suelo y el agua.

Los clorofluorocarbonos (CFC) y los bifenilos policlorados (PCB) son dos grupos de compuestos químicos peligrosos. La capa de ozono protege a la Tierra de la luz ultravioleta dañina. Los CFC destruyen el ozono. Los CFC se usaban en aerosoles, refrigeradores y plásticos. El segundo grupo, los PCB, se usaban en aparatos eléctricos y pinturas. Los PCB son venenosos y pueden causar cáncer. Hoy en día el uso de los CFC y los PCB está prohibido. Pero todavía se encuentran CFC en la atmósfera. Y todavía se encuentran PCB hasta en los lugares más remotos de la Tierra.

Desechos de alta potencia

Las plantas nucleares proveen electricidad a muchos hogares y empresas. Las plantas también producen desechos radiactivos. Los *desechos radiactivos* son desechos peligrosos que liberan radiación. Algunos de estos desechos tardan miles de años en volverse inofensivos.

Gases

La atmósfera de la Tierra está compuesta de una mezcla de gases, que incluye el dióxido de carbono. La atmósfera actúa como una manta protectora. Mantiene a la Tierra lo suficientemente cálida como para que exista la vida. Sin embargo, desde la Revolución Industrial, la cantidad de dióxido de carbono en la atmósfera ha aumentado. El dióxido de carbono y otros contaminantes del aire actúan como un invernadero, atrapando el calor alrededor de la Tierra. Muchos científicos creen que el aumento del dióxido de carbono ha elevado las temperaturas globales. Si las temperaturas continúan subiendo, se podrían derretir los casquetes polares. Entonces se elevaría el nivel de los océanos del mundo. Como resultado, se inundarían las áreas costeras.

CONEXIÓN CON la química

Agujeros de ozono Esta imagen de dos agujeros en la capa de ozono (las áreas de color violeta sobre la Antártida) fue tomada en 2002. El ozono de la estratosfera absorbe la mayor parte de la luz ultravioleta que viene del sol. Los CFC destruyen el ozono. Investiga cómo los CFC destruyen el ozono. Haz un modelo en el que demuestres este proceso. Luego, identifica los efectos de un exceso de luz ultravioleta.

ACTIVIDAD

PRÁCTICA de MATEMÁTICAS

El agotamiento del agua

En un día, millones de litros de agua desaparecen de una fuente de agua. De este volumen, 30 millones de litros no se pueden reemplazar naturalmente. Hoy, la provisión de agua tiene 60 mil millones de litros de agua. ¿Cuántos años durará la provisión de agua si el agua continúa desapareciendo a esta tasa? Si se quitara agua a la misma tasa a la que se repone, ¿cuánto duraría la provisión de agua?

Ruido

Algunos contaminantes afectan los sentidos. Estos contaminantes incluyen los ruidos fuertes. Demasiado ruido no es simplemente una molestia. La contaminación de ruido afecta tu capacidad de oír y pensar con claridad. Y puede dañar tu audición. Las personas que trabajan en ambientes ruidosos, por ejemplo en zonas en construcción, deben proteger sus oídos.

Agotamiento de los recursos

Algunos de los recursos de la tierra son renovables. Pero otros no son renovables. Un **recurso renovable** es el que puede ser usado una y otra vez, o del cual hay una provisión ilimitada. La energía solar y la energía eólica son recursos renovables, como lo son algunos tipos de árboles. Un **recurso no renovable** es un recurso que no se puede reemplazar o que se puede reemplazar únicamente después de miles o millones de años. La mayoría de los minerales y los combustibles fósiles, como el petróleo y el carbón, son recursos no renovables.

Los recursos no renovables no pueden durar para siempre. Estos recursos se tornarán más caros a medida que sean más difíciles de encontrar. La extracción de algunos materiales de la Tierra también tiene un costo muy elevado. Esta extracción puede llevar a derrames de petróleo, pérdida de hábitats y daños causados por la minería, como se muestra en la **figura 3.**

recurso renovable un recurso natural que puede ser reemplazado a la misma tasa a la que se consume

recurso no renovable un recurso que se forma a una tasa que es mucho más lenta que la tasa a la que se consume

¿Renovable o no renovable?

Algunos recursos que se consideraban renovables se están volviendo no renovables. Por ejemplo, los científicos creían que el agua dulce era un recurso renovable. Sin embargo, en algunas áreas, las provisiones de agua se usan más rápido de lo que se reemplazan. Tarde o temprano, estas áreas se quedarán sin agua dulce. Por lo tanto, los científicos están trabajando para encontrar formas de evitar que estas provisiones de agua se agoten.

Figura 3 *Esta área ha sido minada en busca de hierro usando un método llamado* explotación a cielo abierto.

Especies exóticas

Las personas están siempre en movimiento. Sin saberlo, las personas llevan otras especies con ellos. Semillas vegetales, huevos de animales y organismos adultos son transportados de una parte a otra del mundo. Un organismo que se establece en un nuevo lugar, lejos de su hogar natural, es una *especie exótica*. Las especies exóticas a menudo prosperan en los lugares nuevos. Una razón es que están libres de los depredadores que encontraban en sus hogares naturales.

Las especies exóticas pueden volverse plagas y competir con las especies nativas. En 2002, se encontró el pez cabeza de serpiente en una laguna en Maryland. En la **figura 4** se muestra a este pez, que es originario de Asia. Los científicos están preocupados porque el pez cabeza de serpiente come otros peces, anfibios, pequeños pájaros y algunos mamíferos. También se puede mover en tierra. El pez cabeza de serpiente podría llegar a invadir más lagos y lagunas.

✓ Comprensión de lectura ¿Qué son las especies exóticas?

Figura 4 *El pez cabeza de serpiente se puede mover sobre la tierra en busca de agua. ¡Estos peces pueden sobrevivir fuera del agua hasta cuatro días!*

Crecimiento de la población humana

Mira la **figura 5.** En 1800, había mil millones de personas en la Tierra. En el año 2000, había más de 6 mil millones de personas. Los avances en la medicina, como las inmunizaciones, y los avances en la agricultura han hecho posible el crecimiento de la población humana. En general, estos avances son beneficiosos. Pero algunas personas argumentan que tarde o temprano puede llegar a haber demasiadas personas en la Tierra. La **sobrepoblación** ocurre cuando el número de individuos se vuelve tan grande que los individuos no pueden obtener los recursos que necesitan para sobrevivir. Sin embargo, muchos científicos creen que el crecimiento de la población humana disminuirá o se estabilizará antes de alcanzar ese punto.

sobrepoblación la presencia de demasiados individuos en un área para los recursos disponibles

Figura 5 *Recientemente, la población humana se ha ido duplicando cada pocas décadas.*

Figura 6 *La deforestación puede dejar el suelo expuesto a la erosión.*

Destrucción del hábitat

Las personas necesitamos un hogar. También necesitamos alimentos y materiales de construcción. Pero cuando se tala una zona para construir, para cultivar la tierra, para la minería o para obtener madera, la capa superior del suelo se puede erosionar. Los compuestos químicos pueden contaminar los arroyos y los ríos cercanos. Los organismos que habitan estas áreas pueden quedar sin comida y sin refugio. Estos organismos pueden morir.

El *hábitat* de un organismo es el lugar donde vive. Cada hábitat tiene su propio número y variedad de organismos, o **biodiversidad.** Si un hábitat se daña o se destruye, la biodiversidad se pierde.

biodiversidad el número y la variedad de organismos en un área determinada durante un período específico de tiempo

Hábitats forestales

Los árboles proveen a los seres humanos de oxígeno, madera, alimento, caucho y papel. Para obtener algunos de estos productos, como la madera y el papel, hay que cortar árboles. La *deforestación* es la tala de bosques, como se muestra en la **figura 6.** En otra época, muchos de estos bosques talados no se volvían a plantar. Hoy, las compañías madereras a menudo plantan nuevos árboles para reemplazar a los árboles cortados. Sin embargo, parte de la biodiversidad todavía se pierde.

Las selvas tropicales, los hábitats más diversos de la Tierra, a menudo se talan para usar las tierras para la agricultura, para construir caminos y para obtener madera. Pero después de que se tala una selva tropical, el área nunca vuelve ser tan diversa como lo fue antes. Además, los delgados suelos tropicales a menudo se dañan fuertemente.

CONEXIÓN CON los estudios sociales

Madera Identifica un país que sea un importante exportador de madera. Menciona algunas de las formas en las que se usa esta madera. Investiga el impacto que esta exportación tiene en los bosques de ese país. Haz un cartel con tus conclusiones.

ACTIVIDAD

Hábitats marinos

Muchas personas piensan en los derrames de petróleo cuando piensan en la contaminación de los hábitats marinos. Éste es un ejemplo de *contaminación puntual,* o contaminación que proviene de una sola fuente. El petróleo derramado contamina tanto las aguas abiertas como los hábitats costeros.

Un segundo tipo de contaminante del agua es la *contaminación no puntual.* Este tipo de contaminación proviene de muchas fuentes diferentes. La contaminación no puntual suele ocurrir cuando los compuestos químicos que hay en el suelo se escurren hacia los ríos, lagos y océanos. Estos compuestos químicos pueden dañar o matar a muchos de los organismos que viven en los hábitats marinos.

Además del petróleo y los compuestos químicos, también se arrojan plásticos en los hábitats marinos. Los animales pueden confundir los plásticos con comida. O se pueden enredar en los plásticos. Arrojar plásticos al océano es ilegal. Sin embargo, esta ley es difícil de hacer cumplir.

✓ **Comprensión de lectura** **¿Qué son la contaminación puntual y la contaminación no puntual?**

Efectos en los seres humanos

Los árboles y la vida marina no son los únicos organismos afectados por la contaminación y la destrucción de los hábitats. La contaminación y la destrucción de los hábitats también afectan a los seres humanos. A veces, el efecto es inmediato. El aire contaminado afecta a las personas con problemas respiratorios. Si bebes agua contaminada, te puedes enfermar. Otras veces, el daño no se observa inmediatamente. Algunos compuestos químicos causan cáncer muchos años después de que la persona estuvo expuesta a ellos. Con el tiempo, los recursos naturales pueden volverse difíciles de encontrar o agotarse. Tus hijos o tus nietos quizás tengan que enfrentar estos problemas.

Todo lo que dañe a otros organismos puede con el tiempo dañar a las personas también. Preocuparse por el ambiente significa estar consciente de lo que sucede ahora y mirar hacia el futuro.

REPASO DE LA sección

Resumen

- Son contaminantes la basura, los compuestos químicos, los desechos de alta energía, los gases y el ruido.
- Los recursos renovables pueden usarse una y otra vez. Los recursos no renovables no se pueden reemplazar o se remplazan en miles o millones de años.
- Las especies exóticas pueden convertirse en plagas y competir con las autóctonas.
- La sobrepoblación ocurre cuando la población es tan grande que no puede obtener lo que necesita para sobrevivir.
- La destrucción de los hábitats puede erosionar el suelo, contaminar el agua y reducir la biodiversidad.
- Además de dañar el ambiente, la contaminación puede ser nociva para los seres humanos.

Usar términos clave

Las siguientes oraciones son falsas. Reemplaza el término subrayado en cada oración para hacerla verdadera.

1. El carbón es un <u>recurso renovable.</u>
2. La <u>sobrepoblación</u> es la cantidad y variedad de organismos de una zona.

Comprender las ideas principales

3. ¿Cuál de las siguientes opciones puede ser una fuente de contaminación?
   - **a.** ruido
   - **b.** basura
   - **c.** compuestos químicos
   - **d.** Todas las anteriores
4. La contaminación
   - **a.** no afecta a los seres humanos.
   - **b.** puede enfermar a los seres humanos.
   - **c.** puede enfermar a los seres humanos sólo después de muchos años.
   - **d.** Ninguna de las anteriores
5. Compara los recursos renovables con los no renovables.
6. ¿Por qué aumenta el crecimiento de la población humana?
7. ¿Qué es una especie exótica?
8. ¿Cómo afecta la destrucción de los hábitats a la biodiversidad?

Destrezas matemáticas

9. La familia de Jodi produce 48 kg de basura por semana. ¿En qué porcentaje disminuiría el total de basura si la producción fuera de 40 kg semanales?

Razonamiento crítico

10. **Aplicar conceptos** Explica cómo cada una de las siguientes cosas ayuda a las personas pero daña el ambiente: hospitales, refrigeradores viejos y construcción de carreteras.
11. **Inferir** Explica cómo se relaciona el crecimiento de la población humana con los problemas de contaminación.
12. **Predecir consecuencias** ¿Cómo afecta la contaminación de los hábitats marinos a los seres humanos?

SECCIÓN 2

Soluciones

A medida que crece la población humana, necesitará más recursos. Las personas necesitarán comida, atención de la salud, transporte y eliminación de residuos. ¿Qué significa esto para la Tierra?

Todas estas necesidades tendrán un impacto en la Tierra. Si las personas no usan los recursos con inteligencia, seguirán contaminando el aire, el suelo y el agua. Se pueden perder más hábitats naturales. Como resultado, muchas especies morirán. Pero hay muchas cosas que las personas pueden hacer para proteger al ambiente.

PREPARACIÓN PARA LA LECTURA

Objetivos

- Explica la importancia de la conservación.
- Describe las tres R.
- Explica cómo se puede mantener la biodiversidad.
- Enumera cinco estrategias ambientales.

Términos clave

conservación
reciclar

ESTRATEGIA DE LECTURA

Comentar Lee esta sección en silencio. Escribe las preguntas que tengas sobre la sección y coméntalas en un grupo pequeño.

Conservación

Una forma de cuidar la Tierra es la conservación. La **conservación** es la preservación y el uso inteligente de los recursos naturales. Puedes usar tu bicicleta para conservar combustible. Al mismo tiempo, previenes la contaminación del aire. En tu jardín puedes usar abono orgánico en lugar de fertilizante químico. Hacer esto conserva los recursos que se necesitan para hacer el fertilizante. También puedes reducir la contaminación del suelo y el agua.

Practicar la conservación significa usar menos recursos naturales. La conservación ayuda a reducir desechos y contaminación. La conservación también puede ayudar a prevenir la destrucción de los hábitats. En la **figura 1** se muestran las tres R, que describen tres formas de conservar recursos: Reducir, Reutilizar y Reciclar.

Comprensión de lectura **¿Qué son las tres R?** (*Consulta en el Apéndice las respuestas de comprensión de lectura.*)

conservación la preservación y el uso inteligente de los recursos naturales

Figura 1 *Al reducir, reutilizar y reciclar, estos jóvenes conservan los recursos.*

Reducir

¿Cuál es la mejor forma de conservar los recursos naturales de la Tierra? ¡Usarlos menos! Hacer esto también ayuda a reducir la contaminación.

Reducir desechos y contaminación

Un tercio de los desechos producidos por algunos países es material de empaque. Los productos se pueden embalar con menos papel y plástico para reducir los desechos. Por ejemplo, los restaurantes de comidas rápidas servían los sándwiches en grandes contenedores de plástico. Hoy, los sándwiches generalmente vienen envueltos en un papel delgado. Este papel es más biodegradable que el plástico. Un elemento *biodegradable* puede ser descompuesto por organismos vivos, como las bacterias. Científicos como los que se muestran en la **figura 2** hacen investigaciones para fabricar plásticos biodegradables.

Muchas personas y empresas usan actualmente materiales menos dañinos para fabricar sus productos. Por ejemplo, algunos agricultores no usan compuestos químicos sintéticos en sus cultivos. En cambio, practican la agricultura orgánica. Usan mezclas de paja y hojas, abono vegetal, estiércol y controles de plagas naturales. Los especialistas en agricultura también investigan técnicas de agricultura que sean mejores para el ambiente.

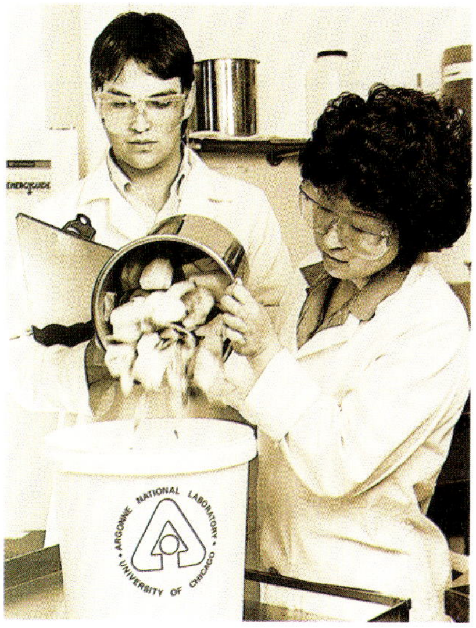

Figura 2 *Estos científicos estudian formas de hacer plásticos biodegradables.*

Reducir el uso de recursos no renovables

Algunos científicos buscan fuentes de energía que puedan reemplazar a los combustibles fósiles. Por ejemplo, se puede usar la energía solar para dar electricidad a las casas, como la que se muestra en la **figura 3.** Los científicos estudian fuentes de energía como el viento, las mareas y la caída de las aguas. Los fabricantes de autos han desarrollado automóviles eléctricos y a hidrógeno. Conducir estos autos consume menos combustibles fósiles y produce menos contaminación que condicir los autos a gasolina.

Figura 3 *Las personas que viven en esta casa usan paneles solares para obtener energía del Sol.*

Figura 4 *Este banco fue construido con neumáticos reutilizados y latas de aluminio*

Reutilizar

¿Te pones ropa usada de tu hermano mayor? ¿Tratas de reparar el equipo deportivo roto en lugar de tirarlo? De ser así, estás ayudando a conservar recursos al *reutilizar* productos.

Reutilizar productos

Cada vez que reutilizas una bolsa de plástico, hay que fabricar una bolsa menos. Reutilizar la bolsa de plástico en el mercado es sólo una de las formas en que se puede reutilizar. Reutilizar productos es una forma importante de conservar los recursos.

Te sorprendería saber cuántos materiales se pueden reutilizar. Por ejemplo, los materiales de construcción se pueden reutilizar. La madera, los ladrillos y las tejas se pueden usar en nuevas estructuras. También se pueden reutilizar los neumáticos viejos. Se pueden reutilizar para las superficies de campos de juego. Como se muestra en la **figura 4,** algunos neumáticos se usan incluso para construir bancos nuevos.

Figura 5 *Este campo de golf se riega con agua recuperada.*

Reutilizar el agua

En los hogares estadounidenses se usan alrededor de 100 mil millones de litros de agua cada día. La mayor parte de este agua va al drenaje. Muchas comunidades están experimentando problemas de escasez de agua. Algunas de estas comunidades están implementando programas para reutilizar, o recuperar, el agua de desecho.

Un modo de recuperar agua es usar organismos para limpiar el agua. Estos organismos incluyen plantas y animales que se alimentan por filtración, como las almejas. A menudo, el agua recuperada no es lo suficientemente pura como para beberla. Pero puede usarse para regar cultivos, jardines y campos de golf, como el que se muestra en la **figura 5.** A menudo el agua recuperada se regresa a provisiones subterráneas de agua.

✓ ***Comprensión de lectura*** **Describe cómo se reutiliza el agua.**

Reciclar

Otra forma de reutilizar es reciclar. **Reciclar** es recuperar materiales de la basura. A menudo, los artículos reciclables, como el papel, se usan para fabricar el mismo tipo de producto. Otros artículos reciclables se transforman en productos diferentes. Por ejemplo, el césped cortado se puede reciclar como fertilizante natural.

reciclar el proceso de recuperar materiales valiosos o útiles de los desechos o de la basura

Reciclar basura

El plástico, el papel, el aluminio, la madera, el vidrio y el cartón son ejemplos de materiales que pueden reciclarse. Todas las semanas, alrededor de medio millón de árboles se usan para imprimir los periódicos del domingo. Reciclar periódicos puede ahorrar millones de árboles. Reciclar aluminio ahorra el 95% de la energía que se necesita para convertir una mena en aluminio. El vidrio se puede reciclar una y otra vez para hacer nuevas botellas y frascos.

Muchas comunidades facilitan el reciclado. Algunas ciudades proveen contenedores para vidrio, plástico, aluminio y papel. Las personas pueden dejar estos contenedores en la acera. Cada semana, los materiales se recogen para reciclar, como lo muestra la **figura 6.** Otras ciudades tienen centros donde las personas pueden llevar materiales para reciclar.

Figura 6 *En algunas comunidades, los materiales reciclables se recogen todas las semanas.*

Reciclar recursos

Los desechos que pueden quemarse se pueden usar para generar electricidad. La electricidad se genera en plantas de conversión de desechos en energía, como la que se muestra en la **figura 7.** Usar basura para producir electricidad es un ejemplo de *recuperación de recursos.* Algunas empresas están comenzando a producir electricidad con sus propios desechos. Al hacerlo, las empresas ahorran dinero y conservan recursos.

Alrededor del 16% de los desechos sólidos en Estados Unidos se queman en plantas de conversión de desechos en energía. Pero a algunas personas les preocupa que estas plantas contaminan el aire. A otras personas les preocupa que estas plantas reducen el reciclado.

Figura 7 *Una planta de conversión de desechos en energía puede proveer de electricidad a muchos hogares y empresas.*

Figura 8 *¿Qué ocurriría si un hongo ataca una plantación de plátanos? La biodiversidad es baja en plantaciones de cultivos como los plátanos.*

Mantener la biodiversidad

Conoces las tres R. ¿Qué más puedes hacer para ayudar al ambiente? ¡Puedes ayudar a mantener la biodiversidad! Pero, ¿cómo ayuda la biodiversidad al ambiente?

Imagina un bosque con un solo tipo de árbol. Si una enfermedad ataca a esa especie, el bosque entero puede morir. Ahora imagina un bosque con 10 especies de árboles. Si una enfermedad ataca a una especie, las otras 9 especies permanecerán. los plátanos, como los que se muestran en la **figura 8,** son un cultivo importante. Pero las plantaciones de plátanos no son muy diversas. Los hongos amenazan la supervivencia de los plátanos. Los agricultores a menudo usan compuestos químicos para controlar a los hongos. Cultivar otras plantas entre los plátanos, o incrementar la biodiversidad, también puede prevenir la expansión de los hongos.

La biodiversidad también es importante porque cada especie tiene un papel único en un ecosistema. Perder una especie puede desestabilizar a un ecosistema entero. Por ejemplo, si se pierde un depredador importante, sus presas se multiplicarán. Las presas pueden comerse las plantas de un área, evitando que otros animales obtengan su alimento. Tarde o temprano, ni siquiera las presas tendrán alimento. Entonces, las presas morirán de hambre.

Figura 9 *Gracias a los programas de cría en cautiverio, la población del cóndor de California está aumentando.*

Proteger a las especies

Una forma de mantener la biodiversidad es proteger especies individuales. En Estados Unidos se diseñó una ley llamada *ley de Protección de Especies en Peligro de Extinción* para hacer exactamente eso. Las especies en peligro de extinción se ponen en una lista especial. La ley prohíbe las actividades que puedan hacer daño a las especies de la lista. La ley requiere también el desarrollo de programas de recuperación para cada especie en peligro de extinción. Algunas especies en peligro de extinción, como el cóndor de California de la **figura 9,** ahora están aumentando su número.

Cualquiera puede pedirle al gobierno que agregue o quite una especie de la lista de especies en peligro de extinción. Este proceso puede llevar años para completarse. El gobierno debe estudiar a la especie en su hábitat antes de tomar una decisión.

Proteger hábitats

Esperar a que una especie esté casi extinta para comenzar a protegerla es como esperar a que tus dientes se llenen de caries para comenzar a cepillarlos. Los científicos quieren prevenir que las especies lleguen al punto de estar amenazadas o estar en peligro de extinción.

Las plantas, los animales y los microorganismos dependen unos de otros. Cada organismo es parte de una gran red interconectada de organismos. La red entera debe protegerse para proteger a estos organismos. Para proteger la red, se deben preservar los hábitats completos, no solamente las especies individuales. Las reservas naturales, como la que se muestra en la **figura 10,** son un modo de proteger hábitats completos.

Figura 10 *Reservar tierras públicas para la vida silvestre es una forma de proteger los hábitats.*

Estrategias ambientales

Se han aprobado leyes para ayudar a proteger al ambiente. Al cumplir con estas leyes, las personas pueden ayudar al ambiente. Las personas pueden ayudar también usando las siguientes estrategias ambientales:

- **Reducir la contaminación** Reciclar todo lo que sea posible y comprar productos reciclados. No arrojar desechos a las tierras de cultivo, los bosques, los ríos, los lagos ni los océanos. Participar en un programa de limpieza local.
- **Reducir el uso de pesticidas** Usar únicamente pesticidas que ataquen específicamente a los insectos dañinos. Evitar pesticidas que puedan dañar a insectos beneficiosos, como las catarinas o las arañas. Usar pesticidas naturales que interfieran con los modos en los que ciertos insectos crecen, se desarrollan y reproducen.
- **Proteger los hábitats** Preservar hábitats completos. Conservar los pantanos. Reducir la deforestación. Usar los recursos a una tasa que permita que se recuperen naturalmente.
- **Informarse sobre los problemas locales** Asistir a reuniones locales sobre las leyes y proyectos que puedan afectar el ambiente local. Investigar el impacto del proyecto y comunicarles a los demás las inquietudes.
- **Desarrollar fuentes alternativas de energía** Aumentar el uso de energías renovables, como la energía solar y la energía eólica.

La *Agencia de Protección Ambiental* (EPA) es una organización gubernamental que ayuda a proteger el ambiente. La EPA trabaja para ayudar a las personas a tener un ambiente limpio en el que puedan vivir, trabajar y jugar. La EPA informa a las personas acerca de temas ambientales y ayuda a hacer cumplir las leyes ambientales.

✓ Comprensión de lectura ¿Qué es la EPA?

ACTIVIDAD EN INTERNET

Para hacer otra actividad relacionada con este capítulo, visita **go.hrw.com** y escribe la palabra clave **HL5ENVW.** (Disponible sólo en inglés)

Qué puedes hacer

Reducir, reutilizar y reciclar. Proteger a la Tierra. Estos son trabajos para todos. Los niños tanto como los adultos pueden ayudar a limpiar la Tierra. Al hacerlo, las personas mejoran su ambiente. Y pueden mejorar su calidad de vida.

La lista de la **figura 11** ofrece algunas sugerencias de cómo puedes ayudar *tú*. ¿Cuántas de estas cosas ya haces? ¿Qué puedes agregarle a la lista?

Figura 11 **Cómo puedes ayudar al ambiente**

1. Ofrécete como voluntario en una reserva o un centro natural local y ayuda a otras personas a aprender acerca de la conservación.
2. Dona tus juguetes viejos.
3. Usa papel reciclado.
4. Escribe o usa ambos lados de una hoja de papel.
5. Comienza un club de conciencia ambiental en tu escuela o en tu vecindario.
6. Recicla vidrio, plástico, papel, aluminio y baterías.
7. No compres productos fabricados a partir de una planta o animal en peligro de extinción.
8. Desconecta los aparatos eléctricos cuando no los estés usando.
9. Usa ropa usada.
10. Comparte libros con amigos o usa la biblioteca.
11. Camina, monta la bicicleta o usa el transporte público.
12. Lleva una bolsa de tela reutilizable para ir a la tienda.
13. Usa una lonchera, o reutiliza tus bolsas de papel.
14. Cierra la llave de agua mientras te cepillas los dientes.
15. Compra productos hechos de materiales biodegradables y reciclados.
16. Usa servilletas y toallas de cocina de tela.
17. Compra cosas en empaques reciclables.
18. Usa baterías recargables.
19. Haz una pila donde amontonarás desechos para preparar abono.

REPASO DE LA sección

Resumen

- La conservación es la preservación y el uso inteligente de los recursos naturales. La conservación ayuda a reducir la contaminación, garantiza la disponibilidad de recursos en el futuro y protege los hábitats.
- Las tres R son Reducir, Reutilizar y Reciclar. Reducir significa usar menos recursos. Reutilizar significa usar materiales y productos una y otra vez. Reciclar es recuperar materiales a partir de desechos.
- La biodiversidad es fundamental para mantener ecosistemas saludables. La pérdida de una especie puede afectar a todo un ecosistema.
- Para preservar la biodiversidad hay que proteger a las especies en peligro de extinción y a hábitats enteros.
- Las estrategias ambientales incluyen reducir la contaminación, disminuir el uso de pesticidas, proteger los hábitats, hacer cumplir la ley de Protección de Especies en Peligro de Extinción y desarrollar fuentes alternativas de energía.

Usar términos clave

1. Escribe una oración distinta con cada uno de los siguientes términos: *conservación* y *reciclar.*

Comprender las ideas principales

2. ¿Cuál de las siguientes NO es una estrategia para proteger el ambiente?
   - **a.** preservar hábitats enteros
   - **b.** usar pesticidas que atacan a todos los insectos
   - **c.** reducir la deforestación
   - **d.** incrementar el uso de energía solar
3. La conservación
   - **a.** tiene poco efecto en el ambiente.
   - **b.** es el uso de más recursos naturales.
   - **c.** implica usar más combustibles fósiles.
   - **d.** puede prevenir la contaminación.
4. Describe las tres R.
5. Explica por qué es importante la biodiversidad. ¿Cómo se la puede proteger?

Razonamiento crítico

6. **Aplicar conceptos** Liza fue en bicicleta a la tienda. Compró productos con pocos materiales de empaque y los metió en su mochila. Describe cómo practicó Liza la conservación.
7. **Analizar relaciones** ¿De qué forma la conservación de recursos también reduce la contaminación y protege los hábitats?

Interpretar gráficas

Consulta la gráfica circular para contestar las siguientes preguntas.

Uso de la tierra en Estados Unidos

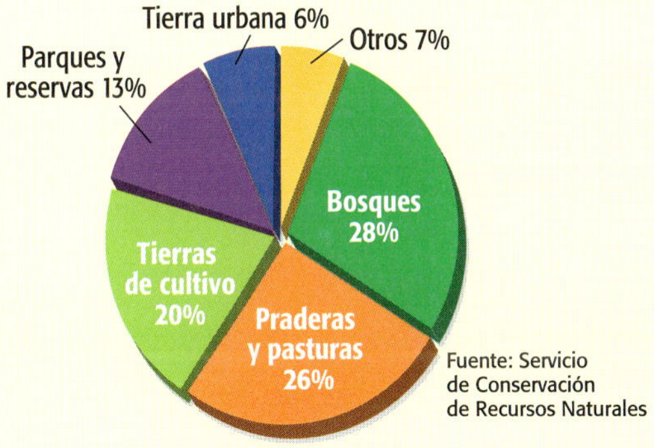

8. Si la mitad de los bosques se convierten en reservas, ¿qué porcentaje del total de la tierra estará destinada a parques y reservas?
9. Si el 10% de las tierras de cultivo no estuvieran sembradas, ¿qué porcentaje de tierra se usaría para los cultivos?

SCILINKS. NSTA
Desarrollo y mantenimiento a cargo de la Asociación Nacional de Maestros de Ciencias

Para ver diversos enlaces relacionados con este capítulo, visita www.scilinks.org

Tema*: Reciclar; Mantener la biodiversidad
Código de SciLinks: HSM1277; HSM0902

*(Sólo en inglés)

Aplicar métodos científicos

Laboratorio de investigación

Biodiversidad... ¡no te alteres!

OBJETIVOS

Examina la biodiversidad en tu comunidad.

Identifica qué áreas de tu comunidad tienen la mayor biodiversidad.

MATERIALES

- cordel
- estacas (4)
- materiales determinados por los alumnos y aprobados por el maestro (El equipo de campo posible incluye una vara métrica, binoculares, una lupa y fórceps).

SEGURIDAD

La biodiversidad es importante para la estabilidad de un ecosistema. Los microorganismos, las plantas y los animales, todos tienen una función en un ecosistema. En esta actividad, investigarás áreas fuera de tu escuela para determinar cuáles contienen la mayor biodiversidad.

Haz una pregunta

1. Basándote en lo que sabes sobre la biodiversidad, ¿esperas que un bosque o un área plantada con cultivos sea más diverso?

Formula una hipótesis

2. Selecciona un área que sufra muchas alteraciones (como un patio) y un área que sea sufra pocas alteraciones (como un terreno baldío). Formula una hipótesis acerca de qué área contiene una mayor biodiversidad. Solicita la aprobación de tu maestro sobre las ubicaciones elegidas.

Comprueba la hipótesis

3. Diseña un procedimiento para determinar qué área contiene la mayor biodiversidad. Pide a tu maestro que apruebe tu plan antes de comenzar.

Pradera

Campo de trigo

4. Para descubrir organismos pequeños, mide un metro cuadrado, pon estacas en las esquinas y marca el área con el cordel. Usa una lupa para observar organismos. Cuando anotes tus observaciones, nombra los organismos de la siguiente manera: Hormiga A, Hormiga B, etc. Toma nota de cualquier visita de organismos más grandes.
5. Crea todas las tablas de datos que necesites para registrar tus datos. Si observas tus áreas en más de una ocasión, haz tablas de datos para cada período de observación. Organiza tus datos en categorías claras y entendibles.

Analiza los resultados

1. **Describir sucesos** ¿Qué factores consideraste antes de decidir qué hábitats sufrían muchas alteraciones o pocas alteraciones?
2. **Hacer mapas** Dibuja un mapa de la tierra alrededor de tu escuela. Marca las áreas de alta biodiversidad y las de baja biodiversidad.
3. **Analizar datos** ¿Qué problemas tuviste al hacer observaciones y registrar datos para cada hábitat? ¿Cómo resolviste estos problemas?

Saca conclusiones

4. **Sacar conclusiones** Revisa tu hipótesis. Tus datos, ¿apoyan tu hipótesis? Explica tu respuesta.
5. **Evaluar métodos** Describe los posibles errores en tu investigación. ¿En qué forma puedes mejorar tu procedimiento para eliminar errores?
6. **Aplicar conclusiones** ¿Piensas que la biodiversidad alrededor de tu escuela aumentó o disminuyó desde que se construyó la escuela? Explica tu respuesta.

Aplicar los datos

Las fotografías de la pradera y del campo de trigo de esta página son hermosas. Una de estas áreas, sin embargo, tiene muy baja biodiversidad. Describe cada fotografía y explica la diferencia en la biodiversidad.

Repaso del capítulo

USAR TÉRMINOS CLAVE

Escoge el término correcto del banco de palabras para completar las siguientes oraciones.

conservación	contaminación
reciclar	biodiversidad
sobrepoblación	
recurso renovable	
recurso no renovable	

1. Un/Una ___ es un recurso que se reemplaza a una tasa mucho menor a la que se utiliza.

2. La presencia de una población con demasiados individuos para los recursos disponibles se denomina ___.

3. El/La ___ es un cambio no deseado en el ambiente causado por los desechos.

4. La preservación y uso inteligente de los recursos naturales se denomina ___.

5. El/La ___ es la cantidad y variedad de organismos de una zona.

COMPRENDER LAS IDEAS PRINCIPALES

Opción múltiple

6. Evitar la destrucción de los hábitats es importante porque
   - **a.** los organismos no viven independientemente los unos de los otros.
   - **b.** proteger los hábitats es una forma de promover la biodiversidad.
   - **c.** se puede romper el equilibrio de la naturaleza si se destruyen.
   - **d.** Todas las anteriores

7. Las especies exóticas
   - **a.** no afectan a las especies autóctonas.
   - **b.** son especies que se establecen en un nuevo lugar.
   - **c.** no son introducidas por la actividad humana.
   - **d.** no invaden una zona.

8. Un recurso renovable
   - **a.** es un recurso natural que se puede reemplazar tan pronto como se usa.
   - **b.** es un recurso natural al que lleva miles o millones de años reemplazar.
   - **c.** incluye combustibles fósiles, como el carbón o el petróleo.
   - **d.** se agotará con el transcurso del tiempo.

Respuesta breve

9. Describe cómo puedes usar las tres R para conservar recursos.

10. Nombra cinco tipos de contaminantes.

11. Explica por qué ha aumentado el crecimiento de la población humana.

12. Nombra dos cosas que se pueden hacer para mantener la biodiversidad.

13. Enumera cinco estrategias ambientales.

RAZONAMIENTO CRÍTICO

14 **Mapa de conceptos** Haz un mapa de conceptos con los siguientes términos: *contaminación, desechos radioactivos, gases, contaminantes, CFC, PCB, desechos peligrosos, compuestos químicos, ruido* y *basura.*

15 **Analizar ideas** ¿Cómo contribuyó la deforestación a la extinción de algunas especies?

16 **Predecir consecuencias** Imagina que el suministro de combustibles fósiles se agotará en 50 años. ¿Qué ocurrirá si las personas no están preparadas cuando eso suceda? ¿Cómo se pueden preparar para ese momento?

17 **Evaluar conclusiones** Un científico dice que en los campos deberían sembrarse distintos cultivos en lugar de uno solo. Según lo que aprendiste acerca de la biodiversidad, evalúa la conclusión del científico. ¿Qué problemas pueden surgir?

18 **Aplicar conceptos** Imagina que una nueva especie se establece en el hábitat local. La especie se alimenta de algunas de las mismas plantas que las especies autóctonas, pero no tiene depredadores. Describe las consecuencias que esto puede tener en el hábitat local.

19 **Inferir** Muchos científicos creen que los bosques son recursos no renovables. Explica por qué sostienen esta opinión.

INTERPRETAR GRÁFICAS

La siguiente gráfica lineal muestra la concentración de dióxido de carbono en la atmósfera entre 1958 y 1994. Consúltala para contestar las siguientes preguntas.

Dióxido de carbono en la atmósfera

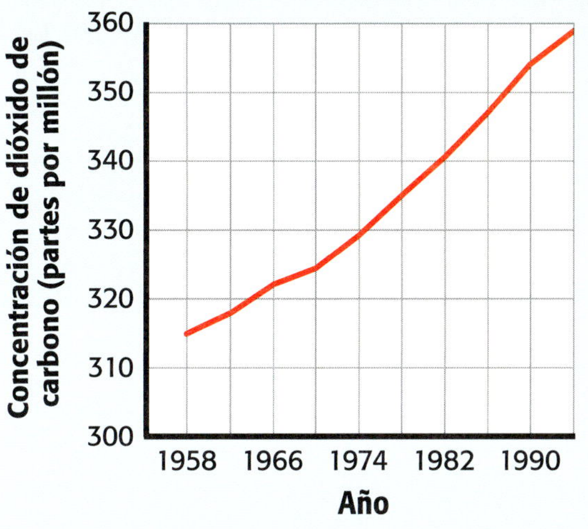

20 ¿Cuál era la concentración de dióxido de carbono en partes por millón en 1960? ¿Y en 1994?

21 ¿Cuál es el cambio promedio en la concentración de dióxido de carbono cada 4 años?

22 Si la concentración de dióxido de carbono sigue cambiando según la tasa que indica la gráfica, ¿cuál será la concentración en 2010?

Preparación para los exámenes estandarizados

LECTURA

Lee los siguientes pasajes. Luego, contesta las preguntas correspondientes.

Pasaje 1 La científica se despertó y corrió hasta la selva tropical. Allí observó el experimento de reciclado de agua. Nadó en el océano y luego caminó por un manglar de camino a su casa. Almorzó en su casa y se fue al laboratorio de computación. Desde el laboratorio podía monitorear los sensores que la alertarían si alguna parte del ecosistema no realizaba su ciclo adecuadamente. Este monitoreo era muy importante para la científica y su equipo de investigación porque sus vidas dependían de la salud de su ambiente sellado.

1. ¿A cuál de las siguientes conclusiones puede llegar el lector, basado en el pasaje?

- **A** La científica vive en un ambiente artificial.
- **B** La científica vive sola.
- **C** La científica y su grupo de investigación están estudiando una isla recientemente descubierta.
- **D** La científica no depende de la salud de su ambiente.

2. ¿Cuál de las siguientes oraciones es verdadera según el pasaje?

- **F** La científica teme que su ambiente se destruya.
- **G** La científica depende de sensores que la alertan de problemas.
- **H** La científica vive en un ambiente abierto.
- **I** La científica almuerza en su casa todos los días.

3. De acuerdo con el pasaje, ¿cuál de los siguientes eventos ocurrió primero?

- **A** La científica caminó por el manglar.
- **B** La científica revisó el experimento de reciclado de agua.
- **C** La científica nadó en el océano.
- **D** La científica almorzó.

Pasaje 2 A lo largo de la costa del Golfo, científicos marinos y científicos terrestres tratan de encontrar métodos para reducir o eliminar la zona muerta. Han hecho modelos del ecosistema del río Mississippi que predijeron con exactitud los datos que se han recolectado desde entonces. Los científicos han cambiado los modelos para observar qué ocurre. Por ejemplo, los terrenos pantanosos son unos de los mejores filtros de la naturaleza. Los pantanos absorben muchos de los compuestos químicos presentes en el agua. Los científicos predicen que agregar pantanos en la cuenca del río Mississippi podría reducir la cantidad de compuestos químicos que llegan al Golfo de México, y posiblemente reducir la zona muerta.

1. De acuerdo con el pasaje, ¿a qué conclusión puedes llegar acerca de la zona muerta?

- **A** Se encuentra en el río Mississippi.
- **B** Podría reducirse al agregar pantanos a la cuenca del río Mississippi.
- **C** Reduce los compuestos químicos que llegan al Golfo de México.
- **D** No es causada por compuestos químicos.

2. ¿Cuál de las siguientes oraciones sobre los modelos es verdadera según el pasaje?

- **F** Los modelos no predijeron los datos con exactitud.
- **G** Los científicos no cambiaron los modelos.
- **H** Los científicos usan modelos para hacer predicciones.
- **I** Los modelos siempre se usan en una investigación.

3. ¿Por qué los científicos cambiaron el modelo, de acuerdo con el pasaje?

- **A** para predecir los efectos de agregar pantanos a la cuenca del río Mississippi
- **B** para averiguar por qué ocurrió la zona muerta
- **C** para eliminar la zona muerta
- **D** para predecir por qué hay muchos compuestos químicos en el Golfo de México

INTERPRETAR GRÁFICAS

La siguiente tabla muestra el cambio en los niveles de ozono entre 1960 y 1990 sobre la bahía Halley, en la Antártida. Consulta la tabla para contestar las siguientes preguntas.

Niveles de ozono en octubre sobre la bahía Halley (Antártida) en unidades Dobson (UD)	
Año	**Nivel de ozono (UD)**
1960	300
1970	280
1980	235
1990	190

1. De acuerdo con la tabla, ¿cuál de los siguientes es el nivel de ozono más probable en octubre de 2000?

A 120 UD
B 150 UD
C 235 UD
D 280 UD

2. De acuerdo con la tabla, ¿qué está pasando con el nivel de ozono sobre la bahía Halley?

F Aumentó en forma pareja entre 1960 y 1990.
G Cayó un 37% entre 1960 y 1990.
H Disminuyó 37 UD por año, en promedio.
I Disminuyó aproximadamente un 25% cada 10 años.

3. ¿En qué porcentaje disminuyó el nivel de ozono entre 1980 y 1990?

A 16%
B 19%
C 24%
D 81%

4. ¿Cuál es la pérdida promedio del nivel de ozono por año en UD?

F 4 UD
G 6 UD
H 37 UD
I 63 UD

MATEMÁTICAS

Lee las siguientes preguntas y escoge la mejor respuesta.

1. Alrededor de 15 m de la capa superior del suelo cubren las planicies occidentales de Estados Unidos. Si la capa superior del suelo se forma a una tasa de 2.5 cm cada 500 años, ¿cuánto tiempo llevó formar 15 m de capa superior del suelo?

A 3,000 años
B 7,500 años
C 18,750 años
D 300,000 años

2. Las dimensiones de un hábitat son 16 km por 6 km. Si estas dimensiones se reducen un 50%, ¿cuál será el área del hábitat?

F 22 km^2
G 24 km^2
H 48 km^2
I 96 km^2

3. Si cada persona en una ciudad de 500,000 habitantes desecha 12 kg de basura por semana, ¿cuántas toneladas métricas de basura produce la ciudad por año? (Una tonelada métrica son 1,000 kg.)

A 6,000 toneladas métricas
B 26,000 toneladas métricas
C 312,000 toneladas métricas
D 312,000,000 toneladas métricas

4. Producir una tonelada de vidrio nuevo crea alrededor de 175 kg de desechos mineros. Usar un 50% de vidrio reciclado disminuye esta tasa en 75 %. ¿Cuál de las siguientes ecuaciones calcula *y*, la masa de desecho minero producido usando el 50% de vidrio reciclado?

F $y = 175 \times 0.25$
G $y = 175 \times 0.75$
H $y = 175 \times 0.5$
I $y = 175 \div 0.75$

La ciencia en acción

Debate científico

¿Dónde deberían andar los lobos?

En el pasado, el Servicio de Pesca y Vida Silvestre de Estados Unidos incluyó al lobo gris en la lista de especies en peligro de extinción y creó un plan para reintroducir al lobo en partes de Estados Unidos. El objetivo era establecer una población de por lo menos 100 lobos en cada lugar. En abril de 2003, se reclasificó a los lobos grises como especie amenazada en gran parte de Estados Unidos. Tarde o temprano, se eliminará a los lobos grises completamente de la lista de especies en peligro de extinción. Pero algunos rancheros y cazadores no están completamente de acuerdo con la reintroducción de los lobos grises y algunos ambientalistas y aficionados a los lobos creen que el plan no llega a proteger totalmente a los lobos.

ACTIVIDAD de matemáticas

Los científicos trataron de establecer una población de 100 lobos en Idaho. Pero la población creció a 285 lobos. ¿En qué porcentaje la población excedió las expectativas?

Ciencia, tecnología y sociedad

Autos a hidrógeno

¿Puedes imaginar a un auto que ronronee más quedito que un gatito y emita vapor de agua en lugar de contaminantes dañinos? Estos autos pueden parecer ciencia ficción. ¡Pero ya existen autos así! Funcionan con uno de los elementos más comunes del mundo, el hidrógeno. Algunos fabricantes de autos ya están especulando con que un día todos los autos funcionarán a hidrógeno. El gobierno estadounidense también tomó conocimiento del tema. En 2003, el presidente George W. Bush prometió $1,200 millones para ayudar a investigar y desarrollar los autos a hidrógeno.

ACTIVIDAD de las artes del lenguaje

DESTREZA DE REDACCIÓN Investiga los automóviles a hidrógeno. Luego, escribe una carta a un fabricante de autos, a tu senador o al Presidente expresando tu opinión acerca del desarrollo de los autos que funcionan a hidrógeno.

Protagonistas de las ciencias

Phil McCrory

Derrames de petróleo peludos Phil McCrory, un peluquero de Huntsville, Alabama, se hizo una brillante pregunta cuando vio una nutria cuya piel estaba empapada con petróleo del derrame del *Exxon Valdez*. Si la piel de la nutria absorbe todo el petróleo, ¿por qué no haría lo mismo el pelo humano? McCrory juntó pelo del piso de su salón y lo llevó a su casa para realizar sus propios experimentos. Rellenó con pelo unas medias de su esposa y ató los tobillos para formar un paquete con forma de rosca. Mc Crory hizo flotar el paquete en la piscina de su hijo y vertió aceite de motor usado en el centro del aro que formaban las medias. Cuando recogió el aro, ¡ni una gota de aceite quedó en el agua!

McCrory se acercó a la Administración Nacional de Aeronáutica y del Espacio (NASA) con su descubrimiento. Basándose en las pruebas realizadas por la NASA, los científicos estimaron que 64 millones de kilogramos de pelo en almohadas de red reutilizables ¡podrían haber limpiado todo el petróleo derramado por el *Exxon Valdez* en una semana! Desafortunadamente, los $2,000 millones gastados en la limpieza sólo quitaron el 12% del petróleo.

ACTIVIDAD de estudios sociales

Haz un mapa de un derrame de petróleo. Muestra las áreas que fueron afectadas. Indica algunas de las poblaciones animales afectadas por el derrame, como los pingüinos.

Para aprender más sobre los temas de "La ciencia en acción", visita go.hrw.com y escribe la palabra clave HL5ENVF. (Disponible sólo en inglés)

Ciencia actual

Visita go.hrw.com y consulta los artículos de Ciencia actual *(Current Science®)* **relacionados con este capítulo. Sólo escribe la palabra clave HL5CS21.** (Disponible sólo en inglés)

5

Recursos energéticos

Acerca de la FOTO

Aunque no lo creas, esta casa está hecha con latas de refresco vacías y neumáticos viejos. La casa, llamada *El castillo* por su diseñador, el arquitecto Mike Reynolds, y ubicada en Taos, Nuevo México, no sólo tiene materiales reciclados sino también ahorra recursos energéticos de la Tierra. Toda la energía que consumen sus habitantes proviene directamente del Sol, y el agua que se usa para las tareas domésticas es agua de lluvia.

ACTIVIDAD PARA ANTES DE LEER

Organizador gráfico

Tabla de comparaciones

Antes de leer el capítulo, crea el organizador gráfico titulado "Tabla de comparaciones", tal y como se explica en la sección **Destrezas de estudio** del Apéndice. En las columnas, escribe un recurso energético de este capítulo. En las filas, escribe "Ventajas" y "Desventajas". Mientras lees el capítulo, completa la tabla con detalles sobre las ventajas y las desventajas de cada recurso energético.

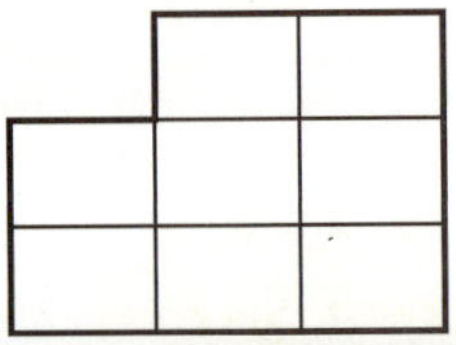

ACTIVIDAD INICIAL

¿Cuál es el color favorito del Sol?

Haz la siguiente actividad para averiguar qué colores absorben mejor la energía solar.

Procedimiento

1. Consigue **por lo menos cinco globos** de diferentes colores pero del mismo tamaño y la misma forma. Debes tener un globo blanco y uno negro. No los infles.
2. Coloca **varios cubitos de hielo pequeños** dentro de cada globo. Todos los globos deben tener la misma cantidad de hielo.
3. Alinea los globos sobre una superficie plana de color uniforme que reciba luz solar directa. Asegúrate de que todos los globos reciban la misma cantidad de luz solar y que las boquillas no queden frente al Sol.
4. Anota el tiempo que el hielo tarda en derretirse completamente en cada uno de los globos. Para averiguar cuánto hielo se derritió en cada globo, ábrelos y apriétalos ligeramente.

Análisis

1. ¿En qué globo se derritió el hielo primero? ¿Por qué?
2. ¿De qué color pintarías un aparato que se usa para captar la energía solar? Explica tu respuesta.

SECCIÓN 1

Recursos naturales

¿Qué tienen en común el agua que bebes, el papel donde escribes, la gasolina que se usa en los automóviles y el aire que respiras?

El agua, el aire, los árboles que se usan para fabricar papel y el petróleo crudo con que se hace la gasolina son sólo unos pocos ejemplos de los recursos de la Tierra. ¿Se te ocurre algún otro ejemplo?

PREPARACIÓN PARA LA LECTURA

Objetivos

- Describe cómo usan los recursos naturales los seres humanos.
- Compara los recursos renovables con los recursos no renovables.
- Explica tres maneras en que los seres humanos pueden conservar los recursos naturales.

Términos clave

recurso natural
recurso renovable
recurso no renovable
reciclar

ESTRATEGIA DE LECTURA

Organizador de lectura Mientras lees esta sección, haz un mapa de conceptos con los términos de la lista anterior.

Recursos de la Tierra

La Tierra nos da casi todo lo que se necesita para vivir. Por ejemplo, la atmósfera terrestre nos da el aire que respiramos, mantiene la temperatura del aire y produce lluvias. Los océanos y otras masas de agua de la Tierra nos brindan el alimento y el agua que necesitamos. La parte sólida de la Tierra ofrece nutrientes como el potasio a las plantas que comemos. Estos recursos de la Tierra se llaman recursos naturales.

Un **recurso natural** es cualquier material natural usado por los seres humanos. Algunos ejemplos de recursos naturales son el agua, el petróleo, los minerales, los bosques y los animales. Casi todos los recursos son transformados en productos que hacen más cómoda y práctica la vida de las personas, como se muestra en la **figura 1.** La energía que obtenemos de muchos de esos recursos, como la gasolina y el viento, proviene originalmente de la energía del Sol.

Figura 1 **Recursos naturales**

Figura 2 *Los árboles y el agua dulce son sólo algunos de los recursos renovables que hay en la Tierra.*

Recursos renovables

Algunos recursos naturales son renovables. Un **recurso renovable** es un recurso natural que se puede reemplazar a la misma tasa a la que se consume. En la **figura 2** se muestran dos ejemplos de recursos renovables. Aunque muchos recursos son renovables, también pueden agotarse antes de ser renovados. Por ejemplo, los árboles son renovables. Sin embargo, algunos bosques son talados a tanta velocidad que no hay tiempo para que crezcan nuevos bosques que los reemplacen.

Comprensión de lectura **¿Qué es un recurso renovable?** (*Consulta en el Apéndice las respuestas de comprensión de lectura.*)

recurso natural cualquier material natural usado por los seres humanos, como agua, petróleo, minerales, bosques y animales

recurso renovable un recurso natural que se puede reemplazar a la misma tasa a la que se consume

recurso no renovable un recurso que se forma a una tasa mucho menor que la tasa a la que se consume

Recursos no renovables

No todos los recursos de la Tierra son renovables. Un **recurso no renovable** es un recurso que se forma a una tasa mucho menor que la tasa a la que se consume. Un ejemplo de recurso no renovable es el carbón que se muestra en la **figura 3.** El carbón tarda millones de años en formarse y, una vez que se agota, no vuelve a estar disponible. El petróleo y el gas natural son otros ejemplos de recursos no renovables. Cuando estos recursos se vuelvan escasos, los seres humanos tendrán que encontrar otros para reemplazarlos.

Figura 3 *El carbón que se usa en el proceso industrial que se muestra aquí no se reemplaza rápidamente mediante procesos naturales.*

ACTIVIDAD

¿Es renovable?

DESTREZA DE REDACCIÓN Con ayuda de uno de tus padres, busca en tu casa cinco productos que estén hechos con recursos naturales. Anota los recursos con que se hizo cada producto. Identifica cada recurso como renovable o no renovable. ¿Qué puedes hacer para ayudar a conservar los recursos de tu lista? En tu **diario de ciencias,** describe un plan de acción personal para conservar algunos de los recursos que usas diariamente.

DE LA ESCUELA A CASA

Conservar los recursos naturales

Es importante que uses los recursos naturales con cuidado, sean renovables o no renovables. Para conservar los recursos naturales, debes usarlos sólo cuando sea necesario. Por ejemplo, si dejas abierta la llave de agua mientras te lavas los dientes, desperdicias agua potable. En cambio, si abres la llave sólo para enjuagar el cepillo, ahorras agua que tal vez necesites para otras cosas.

Conservar los recursos también significa cuidarlos aun cuando no los estás usando. Por ejemplo, es importante mantener los lagos, los ríos y otros recursos del agua libres de contaminación. Los lagos y los ríos contaminados pueden afectar al agua que bebes. Los recursos del agua contaminados también pueden dañar a las plantas y los animales, incluyendo los seres humanos, que dependen de ellos para sobrevivir.

Conservación de la energía

La energía que usamos para calentar la casa, conducir automóviles y hacer funcionar la computadora proviene de los recursos naturales. La manera en que usamos la energía diariamente afecta a la disponibilidad de los recursos naturales. La mayoría de los recursos naturales que nos proveen de energía son recursos no renovables; por lo tanto, si no limitamos el uso de la energía ahora, es posible que los recursos no estén disponibles en el futuro.

Conservar la energía es tan importante como conservar los demás recursos naturales. Puedes conservarla usando sólo los recursos que necesitas. Por ejemplo, apaga las luces cuando no las uses y asegúrate de que la lavadora esté llena antes de ponerla a funcionar, como se muestra en la **figura 4.** En lugar de trasladarte en automóvil, puedes andar en bicicleta, caminar o tomar un autobús, porque así consumes menos recursos.

Figura 4 *Asegurarse de que la lavadora esté llena antes de ponerla a funcionar es una forma de no desperdiciar los recursos naturales.*

Reducir, reutilizar, reciclar

Otra forma de conservar los recursos naturales es reciclar, como se muestra en la **figura 5. Reciclar** es volver a usar materiales de los desechos o de la basura. El reciclado reduce la cantidad de recursos naturales que se obtienen de la Tierra. Por ejemplo, reciclar papel reduce la cantidad de árboles que deben talarse para fabricar más papel. El reciclado también conserva la energía. Aunque se requiere energía para reciclar materiales, ¡se necesita menos energía para reciclar una lata de aluminio que para hacer una nueva!

Se pueden reciclar los periódicos, las latas de aluminio, la mayoría de los recipientes de plástico y las cajas de cartón. Casi todos los recipientes de plástico tienen un número que indica si el objeto se puede reciclar. Los productos con los números 1 y 2 pueden reciclarse en la mayoría de las comunidades. Averigua qué clase de materiales reciclan en el centro de reciclado de tu comunidad.

✓ Comprensión de lectura ¿Qué tipo de productos se pueden reciclar?

reciclar el proceso de recuperar materiales valiosos o útiles de los desechos o de la basura; el proceso de reutilizar algunas cosas

Figura 5 *Puedes reciclar muchos artículos domésticos para ayudar a conservar los recursos naturales.*

REPASO DE LA sección

Resumen

- Usamos recursos naturales como el agua, el petróleo y la madera para hacer más cómoda y práctica nuestra vida.
- Los recursos renovables pueden reemplazarse al cabo de un período de tiempo relativamente breve, mientras que los recursos no renovables pueden tardar miles o incluso millones de años en formarse.
- Para conservar los recursos naturales, debemos utilizar únicamente los recursos necesarios y reciclar.

Usar términos clave

1. Escribe una oración distinta con cada uno de los siguientes términos: *recurso natural, recurso renovable, recurso no renovable* y *reciclar.*

Comprender las ideas principales

2. ¿Cómo utilizan los seres humanos la mayoría de los recursos naturales?
3. ¿Cuál de las siguientes opciones es un recurso renovable?
   a. petróleo
   b. agua
   c. carbón
   d. gas natural
4. Menciona tres maneras de conservar los recursos naturales.

Destrezas matemáticas

5. Si una llave de agua gotea durante 8.6 h y se pierden 3.3 L de agua por hora, ¿cuántos litros de agua se perderán en total?

Razonamiento crítico

6. **Inferir** ¿De qué manera la actividad humana afecta a los recursos renovables y no renovables de la Tierra?
7. **Aplicar conceptos** Menciona cinco productos que usas con frecuencia y que se pueden reciclar.
8. **Inferir** ¿Por qué la disponibilidad de algunos recursos renovables es más preocupante en la actualidad que hace 100 años?

SCILINKS® NSTA
Desarrollo y mantenimiento a cargo de la Asociación Nacional de Maestros de Ciencias

Para ver diversos enlaces relacionados con este capítulo, visita www.scilinks.org
Tema*: Recursos naturales
Código de SciLinks: HSM1015

*(Sólo en inglés)

SECCIÓN 2

Combustibles fósiles

¿Cómo se relaciona un día soleado de hace 200 millones de años con tu vida de hoy?

Si hoy fuiste a la escuela en automóvil o usaste algún producto de plástico, es probable que hayas usado parte de la energía del Sol que llegó a la Tierra hace cientos de millones de años. La vida tal como la conoces sería muy diferente sin los combustibles o los productos formados a partir de las plantas y los animales que vivieron en la misma época que los dinosaurios.

PREPARACIÓN PARA LA LECTURA

Objetivos

- Describe qué son los recursos energéticos.
- Identifica tres tipos diferentes de combustibles fósiles.
- Explica cómo se forman los combustibles fósiles.
- Describe cómo se buscan y se obtienen los combustibles fósiles.
- Identifica cuatro problemas relacionados con los combustibles fósiles.

Términos clave

combustible fósil	carbón
petróleo	precipitación ácida
gas natural	esmog

ESTRATEGIA DE LECTURA

Lluvia de ideas La idea clave de esta sección son los combustibles fósiles. Piensa en palabras y frases relacionadas con los combustibles fósiles.

Recursos energéticos

Los combustibles que usamos para hacer funcionar los automóviles, los barcos, los aviones y las fábricas y para generar energía eléctrica, como se muestra en la **figura 1,** son recursos energéticos. Los *recursos energéticos* son recursos naturales que los seres humanos usan para generar energía. La mayor parte de la energía que usamos proviene de un grupo de recursos naturales llamados combustibles fósiles. Un **combustible fósil** es un recurso energético no renovable formado a partir de los restos de plantas y animales que vivieron hace mucho tiempo. Algunos ejemplos de combustibles fósiles son el petróleo, el carbón y el gas natural.

Los combustibles fósiles liberan energía cuando se queman. Por ejemplo, la energía que se produce al quemar carbón en una central eléctrica se usa para generar electricidad. Sin embargo, como los combustibles fósiles son un recurso no renovable y, una vez que se queman, no se vuelven a formar, es necesario conservarlos, al igual que los otros recursos. En el siglo XXI, la sociedad seguirá buscando alternativas a los combustibles fósiles y también se concentrará en desarrollar formas más eficientes de usarlos.

combustible fósil un recurso energético no renovable que se forma a partir de los restos de organismos que vivieron hace mucho tiempo; algunos ejemplos son el petróleo, el carbón y el gas natural

Figura 1 *En esta imagen satelital tomada desde el espacio, puedes ver la luz que se genera con la energía eléctrica.*

Figura 2 *Algunas refinerías usan un proceso llamado* destilación *para separar el petróleo en distintos tipos de productos.*

Tipos de combustibles fósiles

Todos los seres vivos están compuestos por el elemento carbono. Como los combustibles fósiles se forman a partir de los restos de plantas y animales, ellos también están compuestos por carbono. Casi todo el carbono de los combustibles fósiles existe en forma de compuestos de hidrógeno y carbono llamados *hidrocarburos*. Los combustibles fósiles pueden existir en estado líquido, gaseoso o sólido.

Combustibles fósiles líquidos: petróleo

El **petróleo** es una mezcla líquida de compuestos hidrocarburos complejos, que también se conoce comúnmente como *petróleo crudo*. El petróleo se procesa en las refinerías como la que se muestra en la **figura 2,** donde es separado en diferentes tipos de productos. Algunos ejemplos de combustibles fósiles separados del petróleo son la gasolina, el combustible para aviones, el querosén, el combustible diesel y el aceite combustible.

Más del 40% de la energía mundial proviene de productos derivados del petróleo. Los productos derivados del petróleo son el principal combustible de medios de transporte como los aviones, los trenes y los barcos. El petróleo crudo es tan valioso que a menudo se lo llama *oro negro*.

petróleo una mezcla líquida de compuestos hidrocarburos complejos; se usa mucho como fuente de combustible

gas natural una mezcla de hidrocarburos gaseosos que se encuentra debajo de la superficie terrestre, normalmente cerca de los depósitos de petróleo; se usa como combustible

Combustibles fósiles gaseosos: gas natural

El **gas natural** es una mezcla gaseosa de hidrocarburos. Casi todo el gas natural se usa para la calefacción, aunque una parte se usa también para generar energía eléctrica. Es probable que la estufa de tu cocina funcione con gas natural. Algunos vehículos, como la camioneta de la **figura 3,** usan gas natural como combustible. Una de las ventajas del gas natural es que produce menos contaminación del aire que el petróleo. Sin embargo, el gas natural es muy inflamable. Los escapes de gas pueden producir incendios o explosiones mortales.

El metano, CH_4, es el principal componente del gas natural. Pero también pueden separarse otros componentes, como el butano y el propano, que se usan a menudo como combustible para estufas de campamento y parrillas al aire libre.

Figura 3 *Los vehículos que funcionan con gas natural son cada vez más comunes.*

✓ Comprensión de lectura **¿Para qué se usa principalmente el gas natural?** (*Consulta en el Apéndice las respuestas de comprensión de lectura.*)

Figura 4 *Este carbón se está apilando para quemarse en la central eléctrica que se ve al fondo.*

Combustibles fósiles sólidos: carbón

carbón un combustible fósil que se forma bajo la tierra a partir de materiales vegetales parcialmente descompuestos

El combustible fósil sólido más usado por los seres humanos es el carbón. El **carbón** es un combustible fósil que se forma bajo la tierra a partir de materiales vegetales parcialmente descompuestos. En otra época, el carbón fue la principal fuente de energía de Estados Unidos; se quemaba en las estufas para calentar las casas y también se usaba en los medios de transporte. Muchos trenes del siglo XIX y principios del siglo XX funcionaban con locomotoras a vapor que quemaban carbón.

Cuando las personas pudieron disponer de recursos energéticos más limpios, empezaron a usar menos carbón, ya que la quema de carbón contamina mucho el aire. Hoy en día, los medios de transporte usan petróleo como combustible en lugar de carbón. En Estados Unidos, el carbón ya casi no se usa como combustible para calefacción. Sin embargo, muchas centrales eléctricas, como la que se muestra en la **figura 4,** queman carbón para generar energía eléctrica.

ACTIVIDAD EN INTERNET

Para hacer otra actividad relacionada con este capítulo, visita **go.hrw.com** y escribe la palabra clave **HZ5ENRW.** (Disponible sólo en inglés)

Comprensión de lectura **¿Para qué se usaba comúnmente el carbón en el siglo XIX y a principios del siglo XX?**

CONEXIÓN CON la química

Hidrocarburos Tanto el petróleo como el gas natural están formados por compuestos llamados *hidrocarburos.* Un hidrocarburo es un compuesto orgánico que sólo contiene carbono e hidrógeno. Una molécula de propano, C_3H_8, un combustible fósil gaseoso, tiene tres átomos de carbono y ocho de hidrógeno. Haz un modelo de una molécula de propano con una maqueta de modelo molecular. (Pista: cada átomo de carbono debe tener cuatro enlaces y cada átomo de hidrógeno debe tener un enlace.)

ACTIVIDAD

¿Cómo se forman los combustibles fósiles?

Todos los combustibles fósiles se forman a partir de los restos enterrados de organismos antiguos. Pero las diferentes clases de combustibles fósiles se forman de diferente manera y a partir de distintas clases de organismos.

Formación del petróleo y el gas natural

El petróleo y el gas natural se forman principalmente a partir de los restos de organismos marinos microscópicos. Cuando estos organismos mueren, sus restos se depositan en el fondo del océano. Allí se descomponen, se entierran y se vuelven parte de los sedimentos oceánicos. Con el tiempo, los sedimentos se transforman lentamente en roca y allí quedan atrapados los restos descompuestos. Esos restos se transforman en petróleo y gas debido a cambios físicos y químicos que ocurren durante millones de años. Gradualmente, se forman más rocas sobre las rocas que contienen los combustibles fósiles. Bajo la presión de las rocas y los sedimentos superiores, los combustibles fósiles pueden atravesar las rocas permeables. Las *rocas permeables* son rocas que permiten el paso de los fluidos, como el petróleo y el gas. Como se muestra en la **figura 5,** estas rocas se transforman en reservorios de petróleo y gas natural.

La formación de petróleo y gas natural es un proceso continuo. Parte de los restos de los organismos marinos actuales serán petróleo y gas natural dentro de millones de años.

Experimento rápido

Esponja de roca

1. Coloca **muestras de arenisca, piedra caliza** y **lutita** en distintas **cajas de Petri.**
2. Vierte **cinco gotas de aceite para máquinas liviano** sobre cada muestra de roca.
3. Observa y anota el tiempo que tarda cada muestra en absorber el aceite.
4. ¿Qué muestra de roca absorbió más rápidamente el aceite? ¿Por qué?
5. Basándote en tus resultados, describe una propiedad que permita extraer fácilmente los combustibles fósiles de una roca reservorio.

Figura 5 *El petróleo y el gas atraviesan las rocas permeables. Con el tiempo, estos combustibles se acumulan en reservorios. Las rocas plegadas hacia arriba atrapan gran cantidad de combustibles fósiles.*

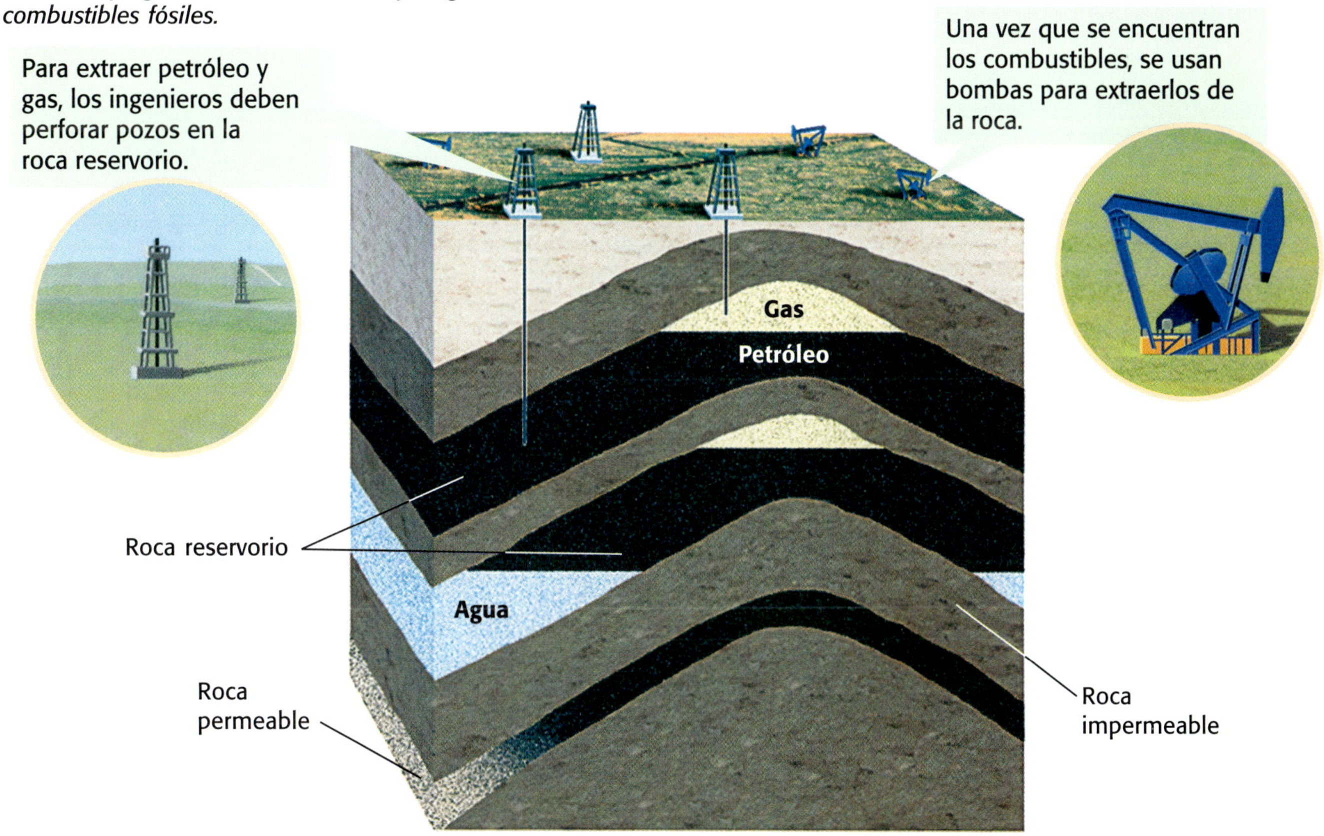

Formación del carbón

El carbón no se forma igual que el petróleo y el gas natural; se forma bajo tierra durante millones de años a partir de plantas de ciénaga descompuestas. Al morir, las plantas se hunden en el fondo de la ciénaga. Así comienza el proceso de formación del carbón.

Las cuatro etapas de formación del carbón, que se muestran en la **figura 6,** son la turba, el lignito, el carbón bituminoso y la antracita. La turba es una forma de carbón en la que los restos de las plantas están parcialmente descompuestos. Con el tiempo, la turba queda enterrada bajo los sedimentos, y eso hace que se filtren el agua y los gases. Luego, la presión y la alta temperatura convierten el carbón en lignito. El proceso por el cual la presión y la temperatura aumentan debido a la deposición de sedimentos produce diferentes formas de carbón. El porcentaje de carbono aumenta con cada etapa de formación de carbón. Cuanto mayor es el contenido de carbono, menos contaminación produce el material al quemarse. El control de la contaminación puede eliminar la mayoría de los contaminantes que se producen al quemar carbón. Sin embargo, cuando se queman, todos los grados de carbón contaminan el aire.

Figura 6 **Formación del carbón**

Etapa 1: turba
Las bacterias y los hongos transforman en turba las plantas de ciénaga que se hundieron. La turba está compuesta por aproximadamente **60%** de **carbono.**

Etapa 2: lignito
Los sedimentos entierran la turba y eso hace que aumente la presión y la temperatura. La turba se transforma lentamente en lignito, compuesto por aproximadamente **70%** de **carbono.**

Etapa 3: carbón bituminoso
Cuando el lignito se hunde más en la tierra, aumentan la temperatura y la presión. Finalmente, el lignito se convierte en carbón bituminoso, compuesto por aproximadamente **80%** de **carbono.**

Etapa 4: antracita
Cuando el carbón bituminoso se hunde más en la tierra, aumentan la temperatura y la presión. El carbón bituminoso se transforma en antracita, compuesta por aproximadamente **90%** de **carbono.**

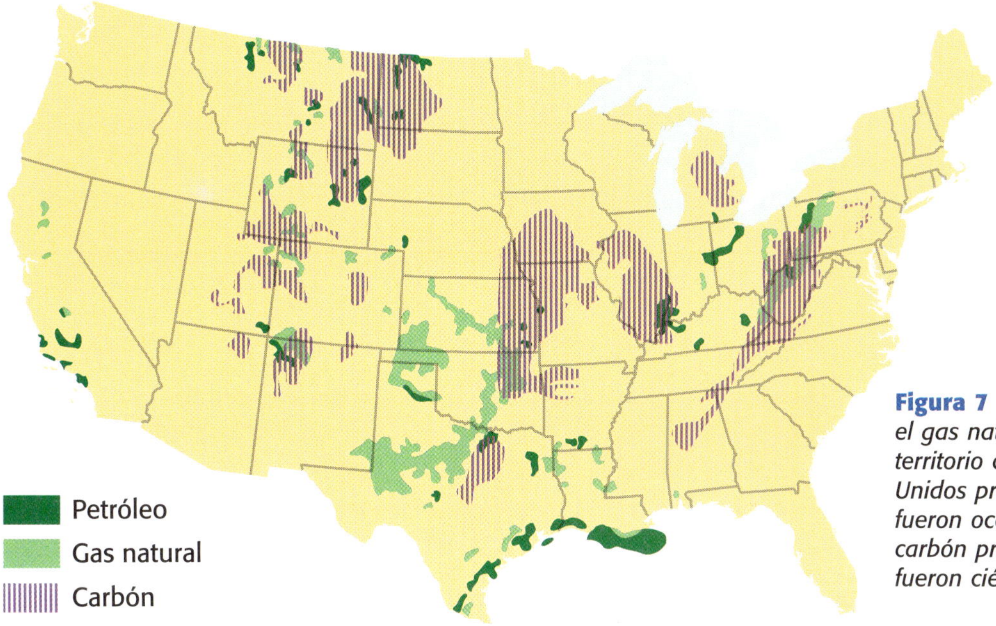

Figura 7 *Casi todo el petróleo y el gas natural producidos en el territorio continental de Estados Unidos provienen de áreas que fueron océanos prehistóricos. El carbón proviene de áreas que fueron ciénagas y pantanos.*

¿Dónde se encuentran los combustibles fósiles?

Hay combustibles fósiles en muchas partes del mundo. Algunos se encuentran en la tierra, mientras que otros se encuentran bajo el océano. Como se muestra en la **figura 7,** Estados Unidos tiene grandes reservas de petróleo, gas natural y carbón, aunque también importa petróleo. Aproximadamente la mitad del petróleo que se usa en el país se importa de Medio Oriente, América del Sur, África, Canadá y México.

¿Cómo se obtienen los combustibles fósiles?

Los seres humanos usan varios métodos para extraer los combustibles fósiles de la corteza terrestre. La clase y la ubicación del combustible determinan el método que se usa para extraerlo. Para extraer el petróleo y el gas natural, por ejemplo, se perforan pozos en las rocas que contienen estos recursos. Los pozos de petróleo existen en la tierra y en el océano. Para perforar en el mar, los ingenieros colocan taladros sobre plataformas que se fijan al fondo del océano o flotan sobre la superficie. En la **figura 8** se muestra una plataforma petrolera en el mar.

El carbón se obtiene mediante la minería subterránea o la minería de superficie. La minería de superficie, también conocida como *explotación a cielo abierto,* es el proceso por el cual se quitan capas de tierra y roca de la superficie terrestre para extraer el carbón que queda expuesto.

✓ Comprensión de lectura **¿Cómo se extraen el gas natural y el petróleo?**

Figura 8 *Hay grandes plataformas petroleras, algunas de más de 300 m de altura, que operan en mar abierto, en el golfo de México o el Mar del Norte, por ejemplo.*

Figura 9 *Fíjate cómo era esta estatua antes de que sufriera los efectos de la precipitación ácida.*

Problemas con los combustibles fósiles

Aunque los combustibles fósiles nos dan la energía que necesitamos, los métodos con que los obtenemos y los usamos pueden producir efectos negativos en el ambiente. Por ejemplo, cuando el carbón se quema sin que se controle la contaminación, se libera dióxido de azufre. El dióxido de azufre se combina con la humedad del aire para producir ácido sulfúrico, que es uno de los ácidos de la precipitación ácida. La **precipitación ácida** es lluvia, aguanieve o nieve con una alta concentración de ácidos, a menudo debido a los contaminantes del aire. La precipitación ácida daña la vida silvestre, las plantas, los edificios y las estatuas, como se muestra en la **figura 9.**

✓ *Comprensión de lectura* **¿Cómo afecta a la lluvia la quema de combustibles fósiles?**

precipitación ácida precipitación, como lluvia, aguanieve o nieve, que tiene una alta concentración de ácidos debido a la contaminación de la atmósfera

esmog neblina fotoquímica que se forma por el efecto que produce la luz solar en los contaminantes industriales y los combustibles que se queman

Extracción del carbón

La extracción del carbón también puede crear problemas ambientales. La minería de superficie remueve la tierra que las plantas necesitan para crecer y que algunos animales usan como refugio. Si la tierra no se restaura adecuadamente, la minería de superficie puede destruir el hábitat de la flora y la fauna. La extracción del carbón también puede reducir las capas freáticas y contaminar las fuentes de agua. El riesgo de derrumbes en las minas subterráneas pone en peligro la vida de los mineros.

Problemas con el petróleo

La producción, el transporte y el uso del petróleo pueden causar problemas ambientales y poner en peligro la vida silvestre. En junio de 2000, el barco cisterna *Treasure* se hundió cerca de la costa de Sudáfrica y derramó más de 400 toneladas de petróleo. El petróleo tóxico cubrió a miles de pingüinos africanos, como se muestra en la **figura 10.** El petróleo impidió a los pingüinos nadar y atrapar peces para comer.

Esmog

La quema de productos derivados del petróleo produce un problema ambiental llamado esmog. El **esmog** es una neblina fotoquímica que se forma por el efecto que produce la luz solar en los contaminantes industriales y los combustibles que se queman. El esmog es un problema muy serio en ciudades como Houston y Los Ángeles por los millones de automóviles que queman gasolina. Las montañas que rodean Los Ángeles evitan que el viento se lleve los contaminantes.

Figura 10 *El petróleo derramado por el barco cisterna* Treasure *puso en peligro la vida de muchos animales, incluyendo los pingüinos africanos.*

REPASO DE LA sección

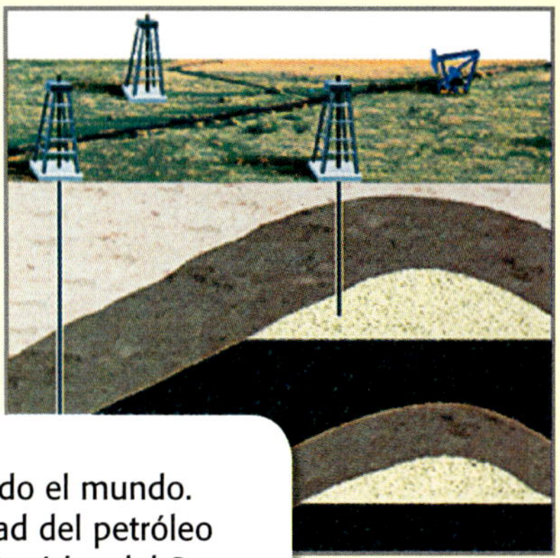

Resumen

- Los recursos energéticos son los recursos que los seres humanos utilizan para producir energía.
- El petróleo es un combustible fósil líquido formado por compuestos hidrocarburos.
- El gas natural es un combustible fósil gaseoso formado por compuestos hidrocarburos.
- El carbón es un combustible fósil sólido que se forma a partir de plantas de ciénaga descompuestas.
- El petróleo y el gas natural se forman a partir de los restos de vida marina en descomposición que se encuentran en el fondo del océano.
- Hay combustibles fósiles en todo el mundo. Estados Unidos importa la mitad del petróleo que utiliza de Medio Oriente, América del Sur, África, México y Canadá.
- Los combustibles fósiles se obtienen mediante la perforación de pozos de petróleo, la minería subterránea y la explotación a cielo abierto.
- La precipitación ácida, el esmog, la contaminación del agua y la destrucción de los hábitats naturales son algunos de los problemas ambientales causados por el uso de combustibles fósiles.

Usar términos clave

1. Escribe una oración distinta con cada uno de los siguientes términos: *recurso energético, combustible fósil, petróleo, gas natural, carbón, precipitación ácida* y *esmog.*

Comprender las ideas principales

2. ¿En cuál de las siguientes etapas de formación del carbón hay mayor contenido de carbono?
   a. lignito
   b. antracita
   c. turba
   d. carbón bituminoso
3. Menciona un combustible fósil sólido, un combustible fósil líquido y un combustible fósil gaseoso.
4. Describe en pocas palabras cómo se forman el petróleo y el gas natural.
5. ¿Cómo se obtienen el petróleo y el gas natural?
6. Describe las ventajas y desventajas del uso de los combustibles fósiles.

Razonamiento crítico

7. **Comparar** ¿Cuál es la diferencia entre la materia orgánica a partir de la cual se forma el carbón y la materia orgánica a partir de la cual se forman el petróleo y el gas natural?
8. **Inferir** ¿Por qué la práctica de compartir un automóvil para ir al mismo lugar y el uso de medios masivos de transporte no resuelven los problemas relacionados con los combustibles fósiles?

Interpretar gráficas

Consulta la gráfica circular para contestar las siguientes preguntas.

Producción de petróleo por región

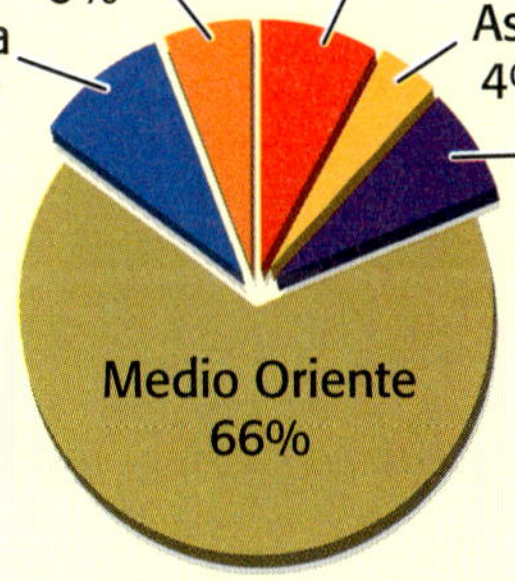

Fuente: Agencia Internacional de Energía *(International Energy Agency)*

9. ¿Cuál es la región que produce más petróleo?
10. Si el total de las ventas de petróleo en 2002 fue de $500 mil millones, ¿cuál fue el valor del petróleo producido en América del Norte?

SCILINKS. NSTA
Desarrollo y mantenimiento a cargo de la Asociación Nacional de Maestros de Ciencias

Para ver diversos enlaces relacionados con este capítulo, visita www.scilinks.org

Tema*: Combustibles fósiles
Código de SciLinks: HSM0614

*(Sólo en inglés)

SECCIÓN 3

Recursos alternativos

¿Cómo sería tu vida si no pudieras jugar videojuegos, encender la luz, calentar la cena en el horno de microondas, darte una ducha caliente o tomar el autobús para ir a la escuela?

PREPARACIÓN PARA LA LECTURA

Objetivos

- Describe alternativas al uso de combustibles fósiles.
- Menciona las ventajas y las desventajas del uso de recursos energéticos alternativos.

Términos clave

energía nuclear
energía química
energía solar
potencia eólica
energía hidroeléctrica
biomasa
gasohol
energía geotérmica

ESTRATEGIA DE LECTURA

Resumen en parejas Lee esta sección en silencio. Túrnate con un compañero para resumir el material. Hagan pausas para comentar las ideas que les resulten confusas.

La mayoría de tus necesidades energéticas y de las necesidades energéticas de los demás se satisfacen con el uso de combustibles fósiles. Sin embargo, hay dos problemas principales con los combustibles fósiles. En primer lugar, su disponibilidad es limitada porque son recursos no renovables. Una vez que se hayan terminado, no estarán disponibles por miles, o quizá millones, de años.

En segundo lugar, la obtención y el uso de combustibles fósiles tiene consecuencias ambientales. Para seguir teniendo acceso a la energía y superar el problema de la contaminación, tenemos que encontrar fuentes alternativas de energía.

División del átomo: fisión

La energía liberada por una reacción de fisión o fusión es **energía nuclear.** La *fisión* es el proceso mediante el cual los núcleos de átomos radiactivos se dividen en dos o más núcleos más pequeños, como se muestra en la **figura 1.** Con la fisión, se libera una gran cantidad de energía que puede usarse para generar electricidad. La unidad del SI para todas las formas de energía es el joule. Sin embargo, la energía eléctrica y la energía nuclear a menudo se miden en megawatts (MW).

Figura 1 **Fisión**

El neutrón de un átomo de uranio 235 divide el núcleo en dos núcleos más pequeños llamados *productos de fisión* y dos o más neutrones.

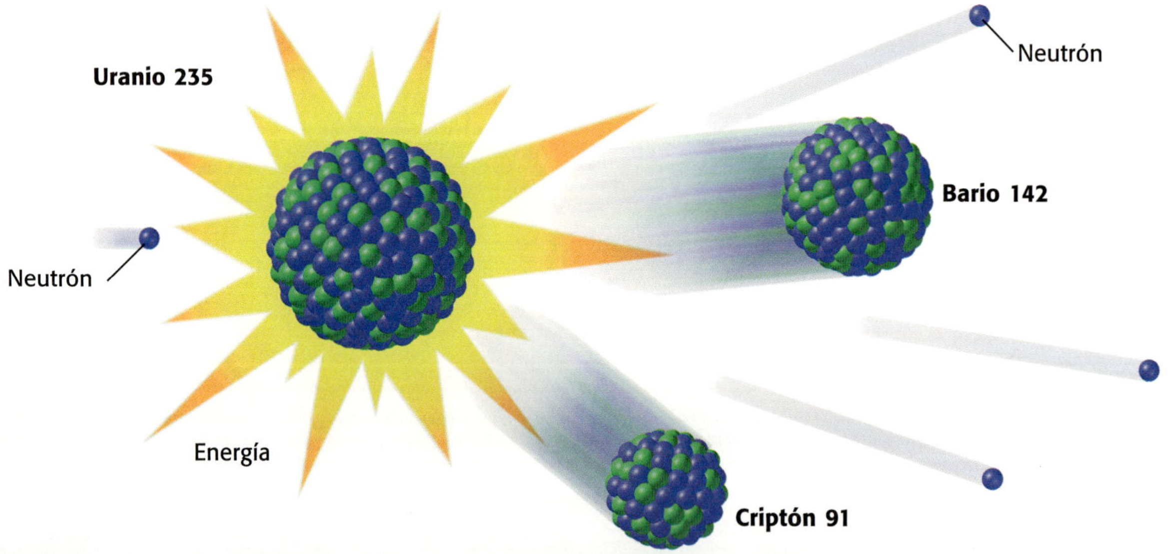

Ventajas y desventajas de la fisión

Las centrales nucleares proveen fuentes de energía alternativas que no tienen los problemas de los combustibles fósiles. Entonces, ¿por qué no usamos más energía nuclear en lugar de combustibles fósiles? Las centrales nucleares producen desechos radiactivos peligrosos. Los desechos radiactivos deben retirarse de la central y almacenarse hasta que su radiactividad disminuya a niveles inofensivos. El problema es que los desechos nucleares pueden mantener un nivel peligroso de radiactividad durante miles de años. Estos residuos deben almacenarse en un lugar aislado donde la radiación que emiten no cause daño.

Otro problema de las centrales nucleares es que pueden liberar radiación accidentalmente en el medio ambiente. La fuga radiactiva podría ocurrir si la central se recalienta, por ejemplo. Si el sistema de refrigeración de una central dejara de funcionar, la central se recalentaría. Entonces, su reactor podría derretirse y se liberaría una gran cantidad de radiación al medio ambiente. Las torres como la que se muestra en la **figura 2** evitan que el agua caliente de una central afecte al ecosistema local.

Figura 2 *Las torres de refrigeración sirven para enfriar el agua de una central nuclear antes de liberarla en el medio ambiente.*

Combinación de átomos: fusión

Otro método para obtener energía de los núcleos es la fusión, como se muestra en la **figura 3.** La *fusión* es la unión de dos o más núcleos para formar un núcleo más grande. Este proceso libera gran cantidad de energía y ocurre naturalmente en el Sol.

La principal ventaja de la fusión es que produce pocos desechos peligrosos. La principal desventaja es que se necesitan temperaturas muy altas para que ocurra la reacción. Ningún material conocido puede soportar temperaturas tan altas. Por lo tanto, la reacción debe ocurrir en un medio especial, como un campo magnético. Las reacciones de fusión controladas sólo se han producido en experimentos de laboratorio.

energía nuclear la energía liberada por una reacción de fisión o fusión; la energía de enlace del núcleo atómico

Comprensión de lectura **¿Cuál es la ventaja de producir energía mediante la fusión?** (*Consulta en el Apéndice las respuestas de comprensión de lectura.*)

Figura 3 Fusión

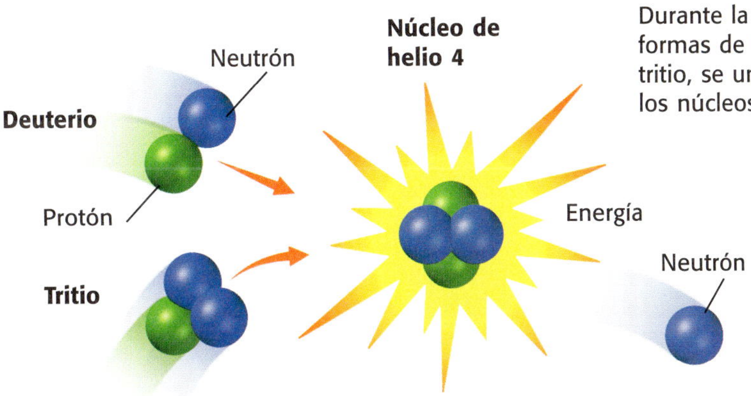

Durante la fusión nuclear, los núcleos de dos formas de hidrógeno, como el deuterio y el tritio, se unen para formar helio. La unión de los núcleos libera gran cantidad de energía.

Figura 4 *Esta imagen muestra el prototipo de un automóvil con células de combustible. La energía de las células de combustible podría ser de uso corriente en el futuro.*

Energía química

Cuando se habla de combustible de automóviles, es probable que pienses en la gasolina. Sin embargo, no todos los vehículos usan la gasolina como combustible; algunos, como el que se muestra en la **figura 4,** funcionan con energía generada por *células de combustible*. Las células de combustible hacen funcionar los automóviles al convertir la **energía química** en energía eléctrica mediante la reacción del hidrógeno y el oxígeno en el agua. Una de las ventajas de usar células de combustible como fuente de energía es que éstas no contaminan. Su único subproducto es el agua. Además, las células de combustible tienen mejor rendimiento que los motores de combustión interna.

Estados Unidos ha usado células de combustible en los viajes espaciales desde la década de 1960. Las células de combustible proveen de energía eléctrica y agua potable a las tripulaciones de las naves espaciales. Es posible que en el futuro la tecnología de células de combustible se use también para generar electricidad en edificios, barcos y submarinos.

energía solar la energía que la Tierra recibe del Sol en forma de radiación

Energía solar

Casi todas las formas de energía, como la energía de los combustibles fósiles, provienen del Sol. La **energía solar** es la energía que la Tierra recibe del Sol en forma de radiación. La Tierra recibe energía solar más que suficiente para que podamos satisfacer todas nuestras necesidades energéticas. Y como la recibe continuamente, esa energía es un recurso renovable. La energía solar se puede usar directamente para calentar edificios y generar electricidad. Sin embargo, aún no tenemos la tecnología para generar la cantidad de electricidad que necesitamos a partir de la energía solar.

La luz del Sol se puede transformar en energía eléctrica mediante celdas solares o células fotovoltaicas. Tal vez, has usado una calculadora que funciona con celdas solares. Los *paneles solares* son grandes paneles con muchas células solares interconectadas. Se instalan en los techos de algunas casas y empresas y proveen parte de la energía eléctrica que se utiliza en los edificios.

✓ Comprensión de lectura **¿De dónde proviene la energía de los combustibles fósiles?**

CONEXIÓN CON las artes del lenguaje

DESTREZA DE REDACCIÓN **Recursos del futuro** ¿Crees que dentro de 100 años los seres humanos seguirán usando combustibles fósiles para hacer funcionar los automóviles? A lo mejor, usarán recursos energéticos alternativos, ¡y tal vez ni siquiera conduzcan automóviles! Usa tu creatividad para escribir un breve cuento de ciencia ficción en el que describas cómo los seres humanos usarán la energía dentro de 100 años.

Calefacción solar

La energía solar también se usa como calefacción directa mediante colectores solares. Los *colectores solares* son cajas de color oscuro con una tapa de vidrio o plástico. Se usan comúnmente para calentar agua, como se muestra en la **figura 5.** Hay más de 1 millón de calentadores solares de agua instalados en Estados Unidos; son especialmente comunes en Florida y California.

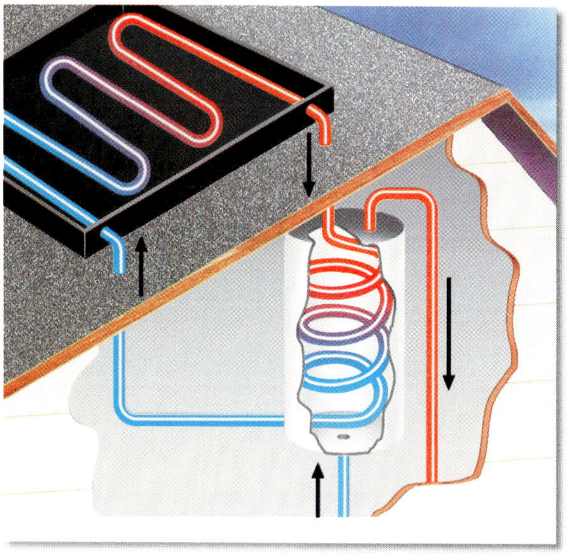

Figura 5 *El Sol calienta el líquido del colector solar. Luego, el líquido se bombea a través de tubos que atraviesan un calentador de agua y eso hace que aumente la temperatura del agua.*

Ventajas y desventajas de la energía solar

Una de las ventajas de la energía solar es que no produce contaminación. Además, es renovable porque proviene del Sol. Sin embargo, en algunos climas no hay suficientes días de sol como para aprovechar la energía solar. Y, aunque la energía solar es gratuita, producir celdas y colectores es más costoso que producir otros sistemas de energía. El costo de instalación de un sistema completo de energía solar en una casa puede ser la tercera parte del costo total de la casa.

Potencia eólica

La energía solar produce el viento indirectamente mediante el calentamiento desigual del aire. La energía del viento se puede aprovechar. La **potencia eólica** es el uso de un molino de viento que hace funcionar un generador eléctrico. Grupos de turbinas eólicas, como las que aparecen en la **figura 6,** pueden generar una gran cantidad de energía eléctrica. La energía eólica es renovable y no produce contaminación. Sin embargo, hay muchas áreas donde el viento no es lo suficientemente fuerte o frecuente para producir energía a gran escala.

potencia eólica el uso de un molino de viento para hacer funcionar un generador eléctrico

Figura 6 *Las turbinas eólicas ocupan sólo una pequeña parte de una superficie de terreno. Por lo tanto, la tierra de las granjas eólicas se puede usar con varios fines.*

Figura 7 *El agua que cae hace girar las ruedas hidráulicas, que a su vez mueven las gigantescas piedras de molino que muelen el grano y lo transforman en harina.*

Energía hidroeléctrica

Los seres humanos han usado la energía del agua durante miles de años. Las ruedas hidráulicas, como la que se muestra en la **figura 7,** existen desde hace mucho tiempo. En los primeros años de la revolución industrial, las ruedas hidráulicas proveían de energía a muchas fábricas. Hoy en día, la energía del agua que cae se usa para generar electricidad. La energía eléctrica producida por el agua en caída se llama **energía hidroeléctrica.**

energía hidroeléctrica energía eléctrica producida por agua que cae

Ventajas y desventajas de la energía hidroeléctrica

Una vez construida la represa, la energía hidroeléctrica es económica y contamina poco. Es renovable porque, en el ciclo del agua, el agua pasa de las fuentes de agua al aire, del aire a la tierra y de allí, nuevamente a las fuentes de agua. Pero, al igual que la energía eólica, la energía hidroeléctrica no está disponible en todas partes. Sólo puede producirse donde existen grandes volúmenes de agua en caída que pueda aprovecharse. Las grandes represas, como la de la **figura 8,** deben construirse en ríos importantes para capturar suficiente agua que pueda generar una buena cantidad de electricidad.

Usar más energía hidroeléctrica podría reducir la demanda de combustibles fósiles, pero eso tiene su precio. La construcción de grandes represas para las centrales hidroeléctricas a menudo destruye otros recursos, como los bosques y los hábitats de la flora y la fauna. Por ejemplo, las represas hidroeléctricas en la parte baja de los ríos Snake y Columbia, en el estado de Washington, interrumpen la ruta migratoria de las poblaciones locales de salmones y truchas arco iris. Un gran número de estos peces muere cada año por la interrupción de su paso migratorio. Las represas también pueden disminuir la calidad del agua y producir problemas de erosión

Comprensión de lectura **¿Por qué es renovable la energía hidroeléctrica?**

Figura 8 *El agua que cae hace funcionar las turbinas de las represas hidroeléctricas y genera energía eléctrica para millones de personas.*

Energía proveniente de las plantas

Las plantas se parecen a los colectores solares. Ambos absorben la energía solar y la almacenan para su uso posterior. Las hojas, la madera y otras partes de las plantas contienen la energía almacenada. Incluso el estiércol de los animales herbívoros contiene gran cantidad de energía almacenada. Estas fuentes de energía se llaman biomasa. La **biomasa** es materia orgánica que puede ser una fuente de energía.

biomasa materia orgánica que puede ser una fuente de energía

gasohol una mezcla de gasolina y alcohol que se usa como combustible

Quemar biomasa

La energía de la biomasa puede liberarse de varias maneras. Lo más común es quemarla. Aproximadamente el 70% de las personas que viven en países en vías de desarrollo, es decir, casi la mitad de la población mundial, quema madera o carbón para calentar su casa y cocinar los alimentos. En comparación, alrededor del 5% de la población de Estados Unidos calienta y cocina de esta manera. Los científicos estiman que la quema de madera y estiércol equivale aproximadamente al 14% del consumo total de energía en el mundo. En la **figura 9** se muestra a una mujer preparando estiércol de vaca que secará y usará como combustible.

Gasohol

El material de la biomasa también se puede transformar en combustible líquido. Las plantas que contienen azúcar o almidón se pueden transformar en alcohol, y el alcohol se puede quemar como combustible. El alcohol también puede mezclarse con gasolina para formar un combustible llamado **gasohol.** De 1 acre de maíz pueden producirse más de 1,000 L de alcohol. El problema es que en Estados Unidos las personas usan mucho combustible para sus automóviles, ¡y el alcohol producido con el 40% de una cosecha de maíz sólo suministraría el 10% del combustible necesario! La biomasa es una fuente de energía renovable. Sin embargo, para producir biomasa se necesitan tierras que podrían usarse para producir alimentos.

PRÁCTICA de MATEMÁTICAS

Millas por acre

Imagina que tienes un automóvil que funciona con el alcohol producido con el maíz que cultivas. Conduces tu automóvil unas 15,000 mi por año y obtienes 240 gal de alcohol por cada acre de maíz procesado. Si tu automóvil tiene un millaje de 25 mi/gal, ¿cuántos acres de maíz debes procesar para obtener combustible durante un año?

Figura 9 *En muchas partes del mundo donde es difícil conseguir leña, se quema estiércol animal para obtener energía.*

La energía del interior de la Tierra

energía geotérmica la energía producida por el calor del interior de la Tierra

Si alguna vez viste una erupción volcánica, sabes lo poderosa que puede ser la Tierra. La energía producida por el calor del interior de la Tierra se llama **energía geotérmica.**

Energía geotérmica

En algunas zonas, el agua subterránea se calienta en contacto con el *magma,* o las rocas derretidas. A menudo, el agua subterránea caliente se transforma en vapor. Los *géiseres* son chimeneas naturales que descargan este vapor o agua al aire en forma de columna. El vapor y el agua caliente también pueden escapar a través de pozos perforados en las rocas. Las centrales geotérmicas pueden obtener energía del interior de la Tierra bombeando el vapor y el agua caliente, como se muestra en la **figura 10.** La central geotérmica más grande del mundo, llamada *The Geysers* (los géiseres), que se encuentra en California, produce electricidad para 1.7 millones de hogares.

La energía geotérmica también se puede usar para calentar edificios. En este proceso, se usa agua caliente y vapor para calentar un fluido. Luego, el fluido es bombeado a través de un edificio para calentarlo. Los edificios de Islandia se calientan de esta forma gracias a las numerosas fuentes geotérmicas que hay en ese país.

Comprensión de lectura **¿Cómo obtienen la energía geotérmica de la Tierra las centrales geotérmicas?**

Figura 10 **Cómo funciona una central geotérmica**

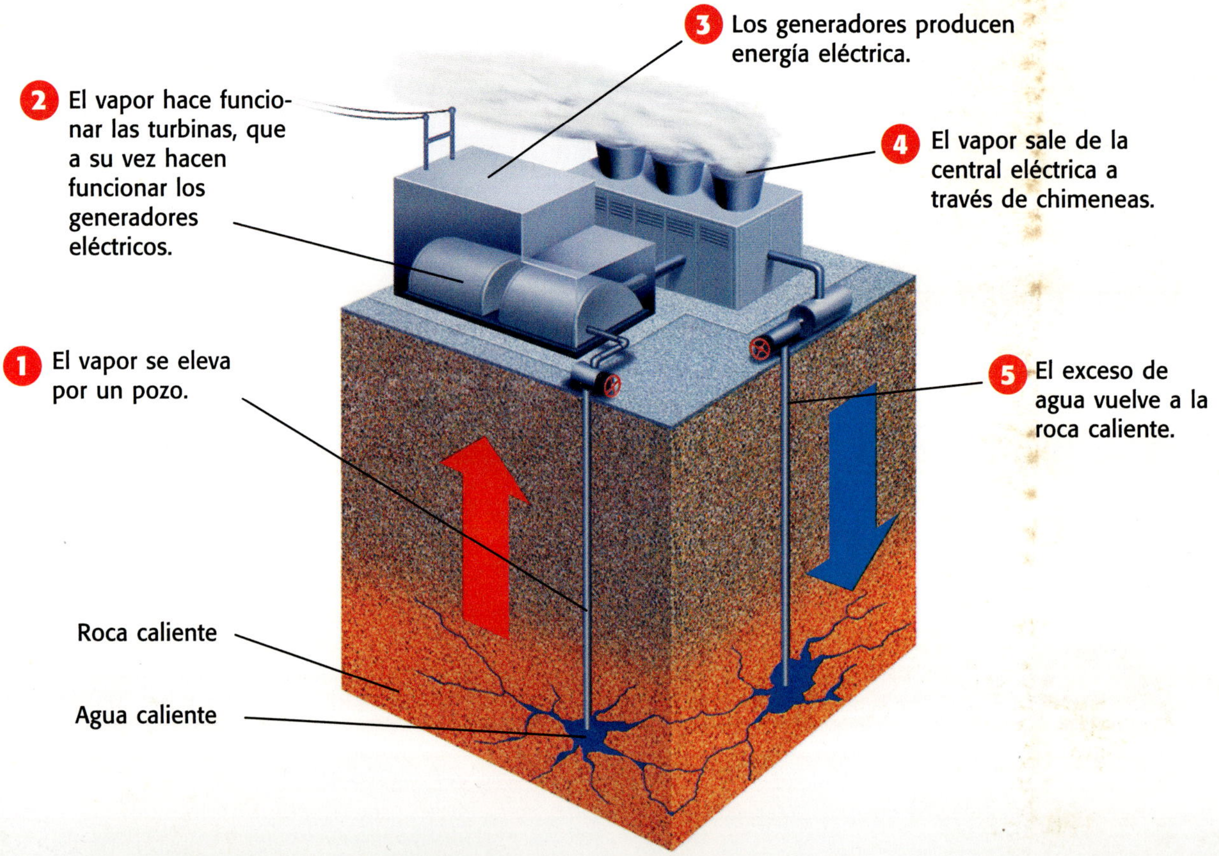

REPASO DE LA sección

Resumen

- La energía nuclear puede liberarse mediante la fisión o la fusión. El subproducto de la fisión son los desechos radiactivos.
- Para que se produzca la fusión, se necesitan temperaturas extremadamente altas.
- Las células de combustible combinan hidrógeno y oxígeno para producir energía eléctrica y liberan agua como subproducto.
- La energía solar es un recurso renovable que no contamina. Sin embargo, los paneles y los colectores solares son costosos.
- La potencia eólica es un recurso renovable que no contamina. Sin embargo, la energía eólica no puede generarse en todas las regiones.
- La energía hidroeléctrica es un recurso renovable económico que contamina muy poco. Sin embargo, puede generarse sólo en algunas regiones.
- Podemos liberar energía quemando biomasa y gasohol, pero esta energía no es suficiente para satisfacer todas nuestras necesidades.
- La energía geotérmica proviene de la Tierra, pero puede obtenerse sólo en ciertas regiones.

Usar términos clave

1. Define los siguientes términos en tus propias palabras: *energía nuclear, energía solar, potencia eólica, energía hidroeléctrica, biomasa, gasohol* y *energía geotérmica.*

Comprender las ideas principales

2. ¿Cuál de los siguientes recursos alternativos necesita hidrógeno y oxígeno para producir energía?

a. células de combustible
b. energía solar
c. energía nuclear
d. energía geotérmica

3. Describe dos maneras de utilizar la energía solar.

4. ¿Dónde resulta útil producir energía hidroeléctrica?

5. Describe dos maneras de liberar energía de la biomasa.

6. Describe dos maneras de utilizar la energía geotérmica.

Razonamiento crítico

7. Analizar métodos Si tuvieras que construir una central nuclear, ¿por qué no la construirías en medio de un desierto?

8. Predecir consecuencias Si un recurso alternativo pudiera reemplazar perfectamente al petróleo crudo, ¿de qué manera su uso podría afectar al medio ambiente?

Interpretar gráficas

Consulta la gráfica para contestar las siguientes preguntas.

Cómo se utiliza la energía en Estados Unidos

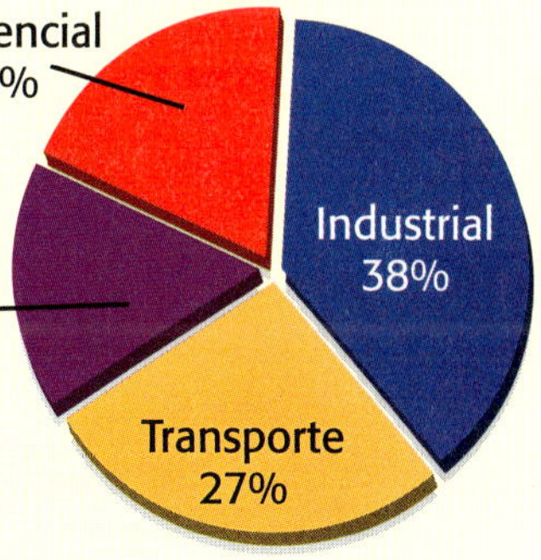

Fuente: Agencia Internacional de Energía

9. ¿Cuál es el porcentaje total de energía que se utiliza con fines comerciales e industriales?

10. ¿Cuál es el porcentaje total de energía que NO tiene un uso residencial?

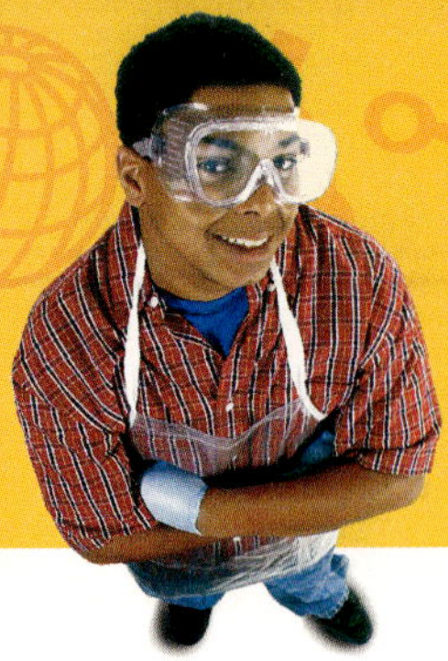

Aplicar métodos científicos

Laboratorio de construcción de modelos

Construir una rueda hidráulica

Una empresa planea construir una rueda hidráulica que levante objetos igual que una grúa. El presidente de la empresa te pidió que modificaras el diseño básico de la rueda hidráulica para lograr que ésta levante objetos más rápidamente.

OBJETIVOS

Crea un modelo de rueda hidráulica.

Determina los factores que influyen en la tasa a la cual una rueda hidráulica levanta un peso.

MATERIALES

- botella de refresco de 2 L llena de agua
- brochetas de madera (2)
- cinta adhesiva transparente
- corcho
- hilo, 20 cm
- jarra de plástico para leche
- marcador permanente negro
- moneda
- navaja de afeitar (para el maestro)
- pegamento
- perforadora
- plastilina
- reloj con segundero
- tachuelas (5)
- tarjeta de 3 x 5 pulg
- tijeras
- vara métrica

SEGURIDAD

Haz una pregunta

1. ¿Qué factores influyen en la tasa a la cual una rueda hidráulica levanta un peso?

Formula una hipótesis

2. Transforma la pregunta anterior en una afirmación para formular una hipótesis verificable.

Comprueba la hipótesis

3. Construye un modelo de rueda hidráulica. Mide y dibuja un cuadrado de 5 x 5 cm en una tarjeta. Recorta el cuadrado. Dóblalo por la mitad para formar un triángulo.
4. Mide y dibuja una línea de 8 cm desde el fondo de la jarra de plástico. Corta a lo largo de esta línea con las tijeras. (Tu maestro puede usar una navaja de afeitar para comenzar el corte.)
5. Usa el triángulo de papel que hiciste en el paso 3 como plantilla. Con un marcador permanente, traza cuatro triángulos en las partes planas de la parte de arriba de la jarra de plástico. Corta los triángulos para formar cuatro aletas.
6. Pega la punta de cada aleta de plástico al borde redondeado del corcho con ayuda de las tachuelas, como se muestra abajo. Asegúrate de que las aletas estén distribuidas en forma pareja alrededor del corcho.

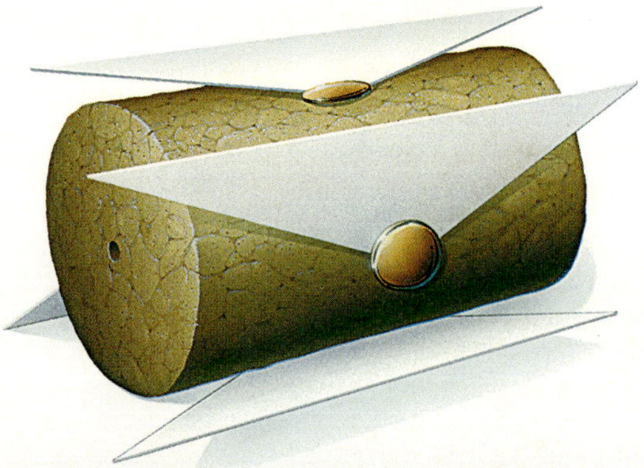

7. Coloca una tachuela en uno de los extremos planos del corcho. Muévela un poco para agrandar el agujero y luego retírala. Repite el procedimiento del otro lado del corcho.
8. Pon una gota de pegamento en uno de los extremos de cada brocheta. Coloca la primera brocheta en uno de los agujeros del extremo del corcho. Coloca la segunda brocheta en el otro extremo del corcho.
9. Con una perforadora, haz dos agujeros en el fondo de la jarra de plástico. Haz cada agujero a 1 cm del borde superior de la jarra, uno frente a otro.
10. Empuja con cuidado las brochetas a través de los agujeros y deja que el corcho quede suspendido en el centro de la jarra. Coloca una bolita de plastilina en el extremo de cada brocheta. Las bolitas deben ser del mismo tamaño.
11. Pega con cinta adhesiva uno de los extremos del hilo a uno de las brochetas del lado de afuera de la jarra, al lado de la bolita de plastilina. Enrolla el hilo tres veces en la bolita de plastilina. (A medida que la rueda hidráulica gira, el hilo debe enrollarse alrededor de la plastilina. La otra bolita de plastilina equilibra el peso y permite que la rueda hidráulica gire suavemente.)
12. Pega el extremo libre del hilo a una moneda. Enrolla el hilo alrededor de la moneda y vuelve a pegarlo.
13. Echa lentamente agua de la botella de 2 L sobre las aletas de forma que la rueda hidráulica gire. ¿Qué pasa con la moneda? Anota tus observaciones.
14. Baja la moneda de vuelta a la posición inicial. Agrega más plastilina a la brocheta para agrandar el diámetro de la rueda. Repite el paso 13. ¿La moneda subió más rápido o más despacio?
15. Vuelve a bajar la moneda a la posición inicial. Cambia la forma de la plastilina y repite el paso 13. ¿Afecta la forma de la plastilina a la rapidez con que sube la moneda? Explica tu respuesta.
16. ¿Qué pasa si retiras dos aletas de extremos opuestos? ¿Qué pasa si agregas más aletas?
17. Prueba con otra forma de aleta. ¿Cómo afecta la otra forma de aleta a la rapidez con que sube la moneda?

Analiza los resultados

1. **Examinar los datos** ¿Qué factores influyen en la rapidez con que haces subir la moneda? Explica tu respuesta.

Saca conclusiones

2. **Sacar conclusiones** ¿Qué recomendaciones le harías al presidente de la empresa para mejorar la rueda hidráulica?

Repaso del capítulo

USAR TÉRMINOS CLAVE

Las siguientes oraciones son falsas. Reemplaza el término subrayado en cada oración para hacerla verdadera.

1. La mezcla líquida de compuestos hidrocarburos complejos se denomina gas natural.

2. La energía que se libera cuando un compuesto químico reacciona para producir un nuevo compuesto se denomina energía nuclear.

Explica la diferencia entre los siguientes pares de términos.

3. *energía solar* y *potencia eólica*

4. *biomasa* y *gasohol*

COMPRENDER LAS IDEAS PRINCIPALES

Opción múltiple

5. ¿Cuál de las siguientes opciones es un recurso renovable?
   - **a.** carbón
   - **b.** árboles
   - **c.** petróleo
   - **d.** gas natural

6. ¿Cuál de los siguientes combustibles NO deriva del petróleo?
   - **a.** el combustible de los aviones
   - **b.** el lignito
   - **c.** el queroseno
   - **d.** el aceite combustible

7. La turba, el lignito y la antracita son formas de
   - **a.** petróleo.
   - **b.** gas natural.
   - **c.** carbón.
   - **d.** gasohol.

8. ¿Cuál de los siguientes factores contribuye a la formación del esmog?
   - **a.** los automóviles
   - **b.** la luz del Sol
   - **c.** las montañas que rodean las áreas urbanas
   - **d.** Todas las anteriores

9. ¿Cuál de los siguientes recursos se produce por fusión?
   - **a.** energía solar
   - **b.** gas natural
   - **c.** energía nuclear
   - **d.** petróleo

10. Para producir energía, las centrales nucleares utilizan un proceso denominado
    - **a.** fisión.
    - **b.** fusión.
    - **c.** fraccionamiento.
    - **d.** Ninguna de las anteriores

11. Una calculadora solar utiliza
    - **a.** colectores solares.
    - **b.** paneles solares.
    - **c.** espejos solares.
    - **d.** celdas solares.

Respuesta breve

12. ¿Cómo se forma la precipitación ácida?

13. Si la luz del Sol es gratuita, ¿por qué la energía eléctrica generada por las celdas solares es costosa?

14. Describe tres formas en que los seres humanos utilizan los recursos naturales.

15. Explica cómo se encuentran y se obtienen los combustibles fósiles.

RAZONAMIENTO CRÍTICO

16 **Mapa de conceptos** Haz un mapa de conceptos con los siguientes términos: *combustibles fósiles, energía eólica, recursos energéticos, biomasa, recursos renovables, energía solar, recursos no renovables, gas natural, gasohol, carbón* y *petróleo.*

17 **Predecir consecuencias** ¿De qué manera cambiaría tu vida si hubiera menos combustibles fósiles disponibles?

18 **Evaluar suposiciones** ¿Los combustibles fósiles son recursos no renovables? Explica tu respuesta.

19 **Evaluar suposiciones** ¿Por qué necesitamos conservar los recursos renovables si pueden recuperarse?

20 **Evaluar datos** ¿Qué factor podría limitar la productividad de una central geotérmica?

21 **Identificar relaciones** Explica por qué la energía que obtenemos de muchos de nuestros recursos proviene originalmente del Sol.

22 **Aplicar conceptos** Describe las distintas maneras en que pueden conservarse los recursos naturales en nuestros hogares.

23 **Identificar relaciones** Explica por qué el carbón suele formarse en sitios en los que no se forman el petróleo y el gas natural.

24 **Aplicar conceptos** Escoge un recurso energético alternativo que pienses que debe desarrollarse más. Explica por qué lo elegiste.

INTERPRETAR GRÁFICAS

Consulta la gráfica para contestar las siguientes preguntas.

Consumo de energía y crecimiento demográfico en Estados Unidos

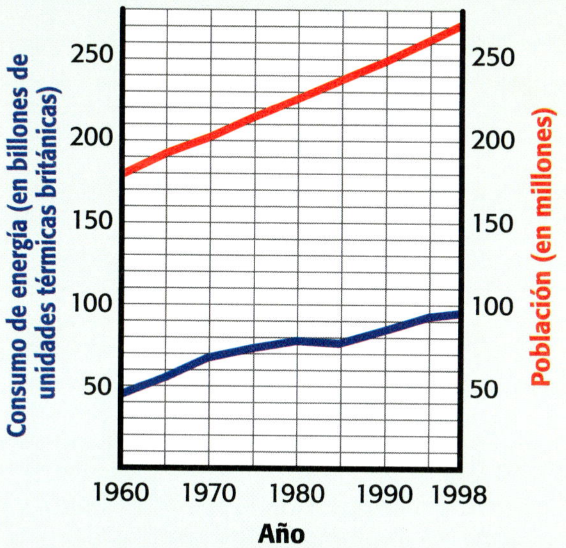

Fuente: Departamento de Energía de Estados Unidos

25 ¿Cuántas unidades térmicas británicas se consumieron en 1970?

26 ¿En qué año se registró el mayor consumo de energía?

27 ¿Por qué crees que el consumo de energía no aumentó a la misma tasa que la población?

Preparación para los exámenes estandarizados

LECTURA

Lee los siguientes pasajes. Luego, contesta las preguntas correspondientes.

Pasaje 1 ¿Sabías que una persona promedio produce alrededor de 2 kg de basura diarios? Alrededor del 7% de esos residuos se componen de productos plásticos reciclables. En lugar de agravar el problema de los vertederos de basura, puedes reciclar la basura de plástico para sentarte sobre ella. Hoy en día, el plástico se recicla para construir bancos de parques y sillas altas. Sin embargo, el plástico tiene que ser clasificado antes de transformarse en nuevos productos. El plástico se clasifica de acuerdo con los códigos de la resina que están impresos en todos los productos de plástico reciclables. El código de resina indica qué tipo de plástico se usó para hacer el producto. Entre los plásticos más reciclados para hacer muebles están el polietileno, llamado polietileno de alta densidad, HDPE, y el polietileno de baja densidad, LDPE. Tanto el HDPE como el LDPE se usan para hacer jarras para leche, botellas de detergente y bolsas de plástico.

1. ¿Qué significa *se componen de* en el pasaje?

A se procesan para formar
B están formados por
C están compactados
D están derretidos

2. Según el pasaje, los productos de plástico

F pueden reciclarse para fabricar sillas altas.
G pueden reciclarse para fabricar automóviles.
H no pueden reciclarse.
I producen problemas ambientales.

3. Según el pasaje, ¿cuál de las siguientes oraciones es verdadera?

A Una persona promedio produce 7 kg de basura por día.
B Una persona promedio pesa 7 kg.
C El LDPE puede usarse para hacer jarras para leche, botellas de detergente, bolsas de plástico y bolsas para comestibles.
D Los plásticos reciclados son demasiado débiles para hacer muebles.

Pasaje 2 Seguramente, oíste hablar de la gran fiebre del oro en California. En 1849, miles de personas se trasladaron hacia el oeste, a California, con la esperanza de encontrar oro. Pero tal vez no oíste hablar de otra fiebre que hubo 10 años después. ¿Qué atrajo a las personas al noroeste de Pensilvania en 1859? ¡La emoción de hallar petróleo! Sin embargo, el petróleo se usaba mucho antes de 1859; en realidad, empezó a usarse en 3000 a.C. En la Mesopotamia, el petróleo se usaba para impermeabilizar los barcos, mientras que los egipcios y los chinos lo aprovechaban como medicina. No fue sino hasta finales del siglo XVIII y principios del siglo XIX que se comenzó a usar el petróleo como combustible para iluminar casas y fábricas. Hoy en día, el petróleo se usa comúnmente en el transporte.

1. ¿Qué significa *aprovechaban* en el pasaje?

A procesaban
B bebían
C quemaban
D usaban

2. Según el pasaje, ¿cuál de las siguientes oraciones sobre el petróleo es verdadera?

F Se usa para impermeabilizar barcos.
G No se descubrió sino hasta 3000 a.C.
H Se usó primero en Pensilvania como medicina.
I Ya se usaba en el transporte en 1849.

3. Según el pasaje, ¿cuál de las siguientes oraciones es verdadera?

A En 1849, hubo una fiebre del oro en Pensilvania.
B En 1649, se usaba el petróleo para iluminar casas y fábricas.
C En 1849, muchas personas fueron a buscar oro a California.
D En 1849, no se usaba el petróleo.

INTERPRETAR GRÁFICAS

La siguiente gráfica circular muestra cómo distintos recursos energéticos satisfacen las necesidades de energía del mundo. Consúltala para contestar las siguientes preguntas.

Uso mundial de los recursos energéticos

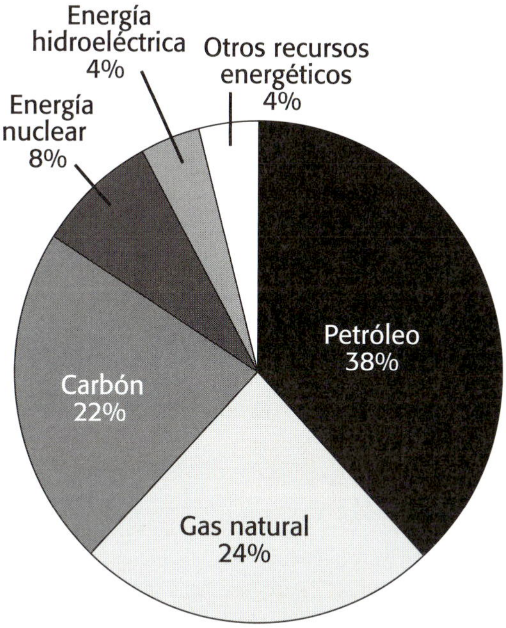

1. ¿Qué porcentaje de la energía que se consume en el mundo proviene del carbón?

A 22%
B 24%
C 28%
D 38%

2. ¿Qué porcentaje de la energía que se consume en el mundo proviene de combustibles fósiles?

F 54%
G 84%
H 96%
I 100%

3. ¿Cuál es el porcentaje total de energía que se consume a partir de recursos que no incluyen los combustibles fósiles?

A 3%
B 16%
C 24%
D 64%

MATEMÁTICAS

Lee las siguientes preguntas y escoge la mejor respuesta.

1. La relación entre el número de kilogramos de aluminio reciclado y el número de kilogramos de periódicos reciclados por una clase de séptimo grado es de 34 a 170. ¿Cómo se escribe esta relación en forma decimal?

A 0.02
B 0.2
C 0.5
D 5

2. La turba tiene aproximadamente 60% de carbono. ¿Aproximadamente cuántos kilogramos de carbono tiene una muestra de 130 kg de turba?

F 7.8 kg
G 52 kg
H 78 kg
I 780 kg

3. Si se examina una muestra de 24 kg de antracita y se encuentran 21.6 kg de carbono, ¿qué porcentaje de la muestra es carbono?

A 90%
B 10%
C 9%
D 2.4%

4. El automóvil de Cora funciona con alcohol de maíz. Cora recorre 12,000 km al año y su millaje es de 30 km/L. Si de cada acre de maíz que se procesa se obtienen 200 L de alcohol, ¿aproximadamente cuántos acres de maíz tendría que procesar Cora para obtener combustible durante un año?

F 1 acre
G 2 acres
H 8 acres
I 50 acres

La ciencia en acción

Debate científico

La represa de las Tres Gargantas

Las represas producen energía hidroeléctrica, agua potable y agua para los cultivos. Desgraciadamente, las represas de gran tamaño inundan bellos paisajes y alteran el medio ambiente vecino. Por ejemplo, la represa de las Tres Gargantas, en China, desplazó a casi 2 millones de personas que vivían en el área cercana al proyecto. Quienes se oponen al proyecto afirman que la represa también aumentará la contaminación del río Yangtsé. Sin embargo, aquéllos que están a favor dicen que la represa controlará las inundaciones y proveerá de energía hidroeléctrica a millones de personas. Los ingenieros estiman que las turbinas de la represa producirán suficiente electricidad para abastecer a una ciudad 10 veces más grande que Los Ángeles (California).

ACTIVIDAD de artes del lenguaje

DESTREZA DE REDACCIÓN Investiga sobre otra represa y desarrolla tu propia opinión sobre el proyecto. ¿Cuál crees que sería el mejor resultado? Inventa una historia en la que ilustres ese resultado.

Ciencia, tecnología y sociedad

Automóviles híbridos

Una solución para el problema de la contaminación que produce la combustión de los combustibles fósiles en el transporte es desarrollar automóviles que dependan menos de los combustibles fósiles. Estos automóviles se llaman *híbridos*. En lugar de usar sólo gasolina como energía, un automóvil híbrido consume gasolina y electricidad. Gracias a sus baterías especiales, el híbrido necesita menos gasolina de la que necesita un automóvil que funciona sólo con gasolina. ¡Algunos híbridos pueden tener un millaje de hasta 45 mi/gal! Ya existen varios modelos para elegir en el mercado. En el futuro cercano, verás más automóviles híbridos en la calle.

ACTIVIDAD de matemáticas

El camión de Charlie tiene un millaje de 17 mi/gal. Charlie recorre un promedio de 12,000 mi por año. Luego, vende el camión y compra un nuevo automóvil híbrido que tiene un millaje de 45 mi/gal. Si la gasolina cuesta $1.40 por galón, ¿cuánto dinero ahorrará Charlie en un año conduciendo el automóvil híbrido en lugar del camión?

Profesiones

Fred Begay

Físico nuclear La producción de energía mediante la combinación de átomos se llama *fusión*. Este proceso está siendo desarrollado por físicos nucleares como el Dr. Fred Begay en el Laboratorio Nacional Los Álamos del Departamento de Energía. Begay espera algún día poder hacer de la fusión un recurso energético alternativo. Como la fusión es el proceso que genera energía en el Sol, Begay usa los satélites de la NASA para estudiar el Sol. Él explica que es necesario desarrollar destrezas de razonamiento abstracto par estudiar la fusión. Procedente de la comunidad navajo, Begay desarrolló estas destrezas durante su crianza en su hogar navajo en Towaoc (Colorado), donde su familia le enseñó acerca de la naturaleza. Hoy en día, usa su habilidad no sólo para contribuir al desarrollo de un nuevo recurso energético sino también para orientar a indígenas norteamericanos y a estudiantes de las minorías. En 1999, Begay ganó el premio al científico destacado de la Sociedad para el Avance Científico de los Chicanos y los Indígenas Norteamericanos.

ACTIVIDAD de estudios sociales

Investiga el estilo de vida de los indígenas norteamericanos antes de 1900. Luego, haz un cartel donde compares los recursos que los indígenas norteamericanos usaban antes de 1900 con los recursos que muchas personas usan hoy en día.

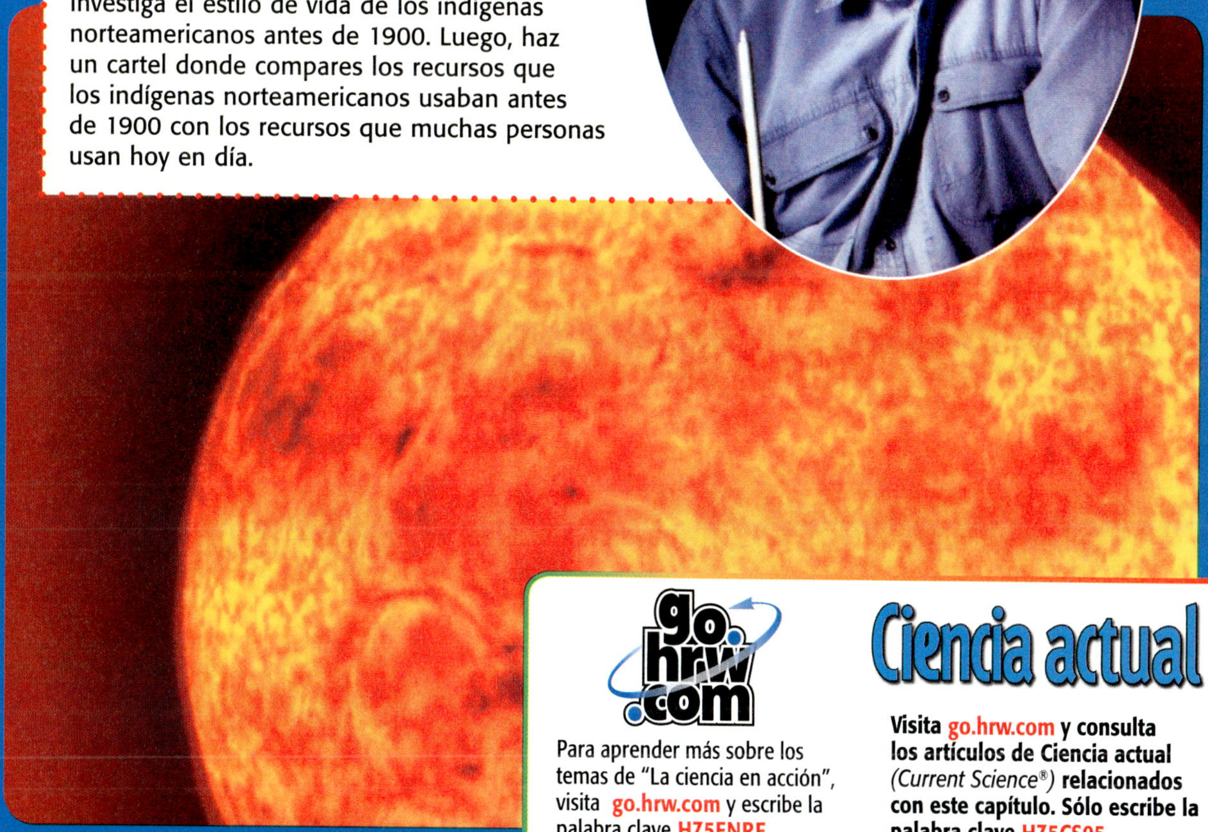

Para aprender más sobre los temas de "La ciencia en acción", visita go.hrw.com y escribe la palabra clave HZ5ENRF. (Disponible sólo en inglés)

Ciencia actual

Visita go.hrw.com y consulta los artículos de Ciencia actual *(Current Science®)* **relacionados con este capítulo. Sólo escribe la palabra clave HZ5CS05.** (Disponible sólo en inglés)

Laboratorio de construcción de modelos

La adaptación: un modo de vida

Desde que comenzó la vida en la Tierra, las especies han desarrollado características especiales denominadas *adaptaciones* que les permiten sobrevivir a los cambios de las condiciones ambientales. Dentro de los cambios en el ambiente de las especies figuran los cambios climáticos, la destrucción de los hábitats o la extinción de las presas. Estos factores pueden hacer que una especie se extinga, a menos que tenga una característica que le permita sobrevivir. Por ejemplo, una especie de aves puede tener una adaptación para comer semillas de girasol y hormigas. Si la población de hormigas desaparece, el ave puede alimentarse de semillas y por lo tanto, puede sobrevivir.

En esta actividad, estudiarás los distintos tipos de adaptaciones y diseñarás un organismo que tenga las adaptaciones que escojas. Después, describirás cómo estas adaptaciones pueden ayudarlo a sobrevivir.

MATERIALES

- cartulina gruesa
- marcadores de colores
- materiales de manualidades
- revistas para recortar
- tijeras

SEGURIDAD

Procedimiento

1. Estudia la siguiente tabla y escoge una adaptación de cada columna. Por ejemplo, ¡un organismo puede ser un carroñero que cava túneles y que tiene púas en la cola!

Adaptaciones

Dieta	Modo de desplazamiento	Adaptaciones especiales
carnívoro	vuela	tiene sensores para detectar el calor
herbívoro	planea	sólo está activo por la noche y tiene una excelente visión nocturna
omnívoro	excava túneles	cambia de color para camuflarse con lo que lo rodea
carroñero	corre rápidamente	tiene una armadura
descomponedor	nada	tiene cuernos
	salta	soporta cambios extremos de temperatura
	camina	secreta un olor nauseabundo
	trepa	tiene glándulas venenosas
	flota	tiene dientes incisivos especializados
	se desliza	tiene púas en la cola
		almacena oxígeno en las células para no tener que respirar continuamente
		algo que inventes

2. Diseña un organismo que tenga las tres adaptaciones que escogiste. Créalo con cartulina, marcadores de colores, fotos recortadas o los materiales de manualidades que escojas.

3. En el cartel, redacta una descripción de tu organismo que incluya su aspecto, su hábitat, su nicho y la manera en que sus adaptaciones le permiten sobrevivir. Dale un nombre "científico" de dos términos, basándote en las características del organismo.

4. Muestra tu creación al resto de la clase. Comenta a tus compañeros cómo escogiste las adaptaciones de tu organismo.

Analiza los resultados

1. ¿De qué se alimenta tu organismo imaginario?

2. ¿En qué tipo de ambiente o hábitat es más probable que sobreviva (en el desierto, en la selva tropical, en las llanuras, en los casquetes polares, en las montañas o en el océano)? Explica tu respuesta.

3. ¿Tu criatura es un mamífero, un reptil, un anfibio, un ave o un pez? ¿A qué organismo moderno (que viva en la Tierra actualmente) o antiguo (que se haya extinguido) se parece más? Explica las semejanzas entre los dos organismos. Si hace falta, busca información fuera de este experimento y encuentra un organismo real que se parezca al que inventaste.

Saca conclusiones

4. Si de pronto hubiese un cambio climático, como grandes lluvias diarias en un desierto, ¿tu organismo imaginario sobreviviría? ¿Qué adaptaciones tiene para sobrevivir a ese cambio?

Aplicar los datos

Llama o escribe a algún organismo como el Servicio de Pesca y Vida Silvestre de Estados Unidos para obtener una lista de las especies en peligro de extinción de tu zona. Escoge un organismo de la lista y describe su nicho y las adaptaciones especiales que le permiten sobrevivir. Averigua por qué está en peligro de extinción y qué se está haciendo para protegerlo. Estudia la ilustración del animal de la derecha. Describe su hábitat y su nicho según sus características físicas. ¿Es un animal verdadero?

Laboratorio de construcción de modelos

Un grupo de pioneros

El proceso natural de introducción y desarrollo de los seres vivos en una zona se denomina sucesión. La zona puede no haber albergado vida anteriormente y no tener tierra, como una extensión de lava volcánica que se enfrió recientemente. En las zonas donde no hay tierra, el proceso se denomina *sucesión primaria.* En las zonas donde ya existe tierra, como un campo abandonado o un bosque tras un incendio, el proceso se denomina *sucesión secundaria.*

En esta actividad, construirás un modelo de sucesión secundaria con tierra natural.

MATERIALES

- agua, 250 mL
- balanza
- envoltura de plástico
- guantes protectores
- pecera grande
- probeta de 250 mL
- tierra del patio de tu casa o de la escuela, 500 g

SEGURIDAD

Procedimiento

1. Coloca dentro de la pecera la tierra natural que trajiste del patio de tu casa o de la escuela y humedécela con 250 mL de agua. Tapa la pecera con la envoltura de plástico y déjala al sol en una ventana.
   Precaución: no te toques la cara, los ojos ni la boca durante esta actividad. Cuando termines, lávate bien las manos.
2. Observa la pecera durante dos semanas para ver si crece algo en ella. Describe y dibuja cualquier organismo nuevo que encuentres. Anota ésta y otras observaciones.
3. Identifica y anota los nombres de todos los organismos nuevos que puedas.

Analiza los resultados

1. ¿Qué tipos de plantas brotaron en tu modelo de sucesión secundaria? ¿Hay plantas de semillero de árbol, pasto o malezas?
2. ¿Las plantas que brotaron en la pecera son habituales o extrañas en tu zona?

Saca conclusiones

3. Explica por qué las plantas que crecieron en tu modelo de sucesión secundaria se pueden denominar especies pioneras.

Aplicar los datos

Estudia las fotografías de esta página. Determina si en cada una las zonas tendría lugar una sucesión primaria o secundaria si quedaran abandonadas para siempre. En alguna de estas zonas puede no darse ningún tipo de sucesión. Explica tu razonamiento.

Terreno nivelado

Laguna eutrófica

Volcán del monte Santa Elena

Estacionamiento de un puerto

Aplicar métodos científicos

Laboratorio de investigación

La vida en el desierto

Los organismos que viven en el desierto tienen formas extrañas de conservar el agua. La conservación del agua constituye un desafío importante para los animales que viven en el desierto. En esta actividad, inventarás una "adaptación" para que un animal del desierto (representado con una esponja) conserve agua. Protegerás tu esponja húmeda del desierto para que se seque lo menos posible durante un período de 24 horas.

MATERIALES

- agua
- balanza
- esponja seca de 8 cm × 8 cm × 2 cm (2 trozos)
- otros materiales necesarios

Haz una pregunta

1. ¿Cómo puede un animal conservar agua en el desierto?

Formula una hipótesis

2. Crea un método para que tu "animal del desierto" no se seque. Tu "animal" debe estar al aire libre al menos 4 horas durante un período de 24 horas. Los animales del desierto verdaderos se exponen al calor seco para buscar alimento. Escribe tu plan y predice el resultado del experimento.
3. Si hace falta, diseña y dibuja tablas de datos. Antes de comenzar, tu maestro debe aprobar el plan.

Comprueba la hipótesis

4. Embebe dos trozos de esponja en agua hasta que goteen. Coloca cada uno sobre la balanza y anota la masa.
5. Protege una de las esponjas de inmediato, siguiendo tu plan. Coloca las dos esponjas en un lugar donde nadie las toque. Tienes que sacar a tu "animal" protegido durante al menos 4 horas para que se alimente.
6. Al cabo de 24 horas, coloca de nuevo cada esponja sobre la balanza y vuelve a anotar la masa.

Analiza los resultados

1. Describe la adaptación que usaste para que tu "animal" sobreviva. ¿Funcionó? Explica tu respuesta.
2. ¿Cuál era el propósito de dejar una de las esponjas sin protección? Compara la pérdida de agua en las dos esponjas.

Comunicar los datos

Lleva a cabo un debate en la clase sobre otras adaptaciones y resultados. ¿Qué relación hay entre las adaptaciones inventadas y las adaptaciones de los organismos reales para sobrevivir en el desierto?

Aplicar métodos científicos

Laboratorio de investigación

Descubrir mini-ecosistemas

Cuando estudiaste los ecosistemas, aprendiste que un bioma es un gran ecosistema en el que hay un conjunto de ecosistemas más pequeños relacionados. Por ejemplo, el bioma de un bosque de coníferas puede incluir el ecosistema de un río, el ecosistema de un pantano y el ecosistema de un lago. Cada uno de estos ecosistemas puede, a su vez, contener otros ecosistemas más pequeños, relacionados entre sí. ¡Hasta las ciudades tienen mini-ecosistemas! Puedes encontrar un mini-ecosistema en la vereda, en un charco de agua de lluvia, debajo de una llave de agua que gotea, en un lugar con sombra o debajo de una piedra. En esta actividad, diseñarás un método para comparar dos ecosistemas que se encuentren cerca de tu escuela.

MATERIALES

- materiales determinados por el estudiante y aprobados por el maestro

SEGURIDAD

Haz una pregunta

1. Estudia los terrenos cercanos a tu escuela y escoge dos zonas que quieras investigar. Determina qué quieres aprender sobre tus mini-ecosistemas. Por ejemplo, tal vez quieras saber qué seres vivos habitan en cada zona. Antes de comenzar, tu maestro debe aprobar tu plan.

Formula una hipótesis

2. Haz una tabla de datos para cada mini-ecosistema en la que anotes tus observaciones.

Comprueba la hipótesis

3. De acuerdo con tu plan, observa tu mini-ecosistema en distintos momentos del día. Anota tus observaciones.
4. Al cabo de 24 horas, observa el mini-ecosistema nuevamente en los mismos momentos que el día anterior. Anota tus observaciones.
5. Al cabo de 1 semana, observa el mini-ecosistema nuevamente en los mismos momentos que en los días anteriores. Anota tus observaciones.

Analiza los resultados

1. ¿Cuáles son los factores que determinan las diferencias entre tus mini-ecosistemas? Identifica los factores que diferencian a cada mini-ecosistema de la zona que lo rodea.
2. Compara las poblaciones de tus mini-ecosistemas.
3. Identifica algunas de las adaptaciones que presentan los organismos vivos de los dos mini-ecosistemas. Describe cómo esas adaptaciones les permiten sobrevivir en su ambiente.

Saca conclusiones

4. Redacta un informe en el que describas y compares tus mini-ecosistemas con los de tus compañeros.

Laboratorio de destrezas

La potencia del Sol

Al igual que el Sol, un foco irradia energía en todas direcciones. Pero la cantidad de energía que recibe un objeto depende de qué tan cerca de la fuente esté. A medida que nos alejamos de la fuente, recibimos menos energía. Por ejemplo, si mides la cantidad de energía que recibes de una luz y luego te alejas el triple de la distancia, descubrirás que recibes nueve veces menos energía. La energía solar viaja en forma de energía luminosa. Cuando la energía luminosa es absorbida por un objeto, se transforma en energía térmica. La potencia es la tasa a la que una forma de energía se transforma en otra, y se mide en watts. Como la potencia se relaciona con la distancia, los objetos cercanos sirven para medir la potencia de los objetos lejanos. En esta actividad, calcularás la potencia del Sol con un foco común de 100 watts.

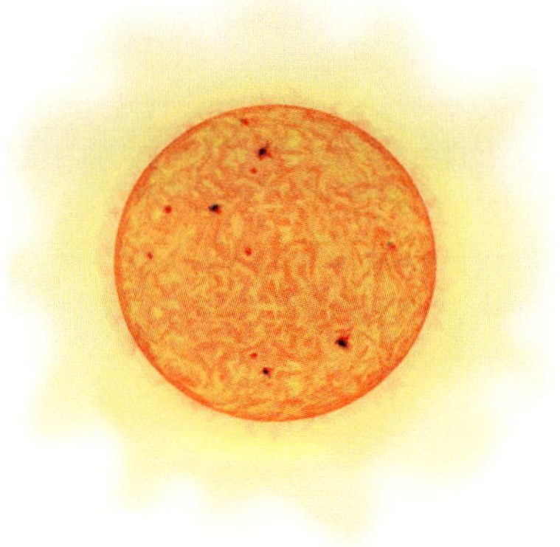

MATERIALES

- calculadora científica
- frasco de conservas con tapa agujereada en el centro
- guantes protectores
- lámpara de escritorio con un foco de 100 W y pantalla desmontable
- lápiz
- marcador negro permanente
- plastilina
- regla métrica
- reloj con segundero
- termómetro en grados Celsius
- tira de aluminio de 2 × 8 cm

SEGURIDAD

Procedimiento

1. Enrosca con cuidado la tira de aluminio en el lápiz de manera que quede en el medio y forme una aleta a cada lado.
2. Dobla las aletas hacia afuera para que puedan recibir la mayor cantidad de luz solar posible.
3. Con el marcador, pinta de negro un lado de la tira de aluminio.
4. Saca el lápiz. Adhiere el aluminio al termómetro y coloca el termómetro cerca del foco. **Precaución:** no presiones demasiado, ya que podrías romper el termómetro. Usa guantes protectores cuando trabajes con el termómetro y el aluminio.
5. Desliza con cuidado la parte superior del termómetro por el agujero de la tapa. Tapa el frasco de modo que el bulbo del termómetro quede adentro. Enrosca la tapa.
6. Coloca plastilina en la parte exterior de la tapa para sujetar el termómetro. Las aletas de aluminio deben quedar en el centro del frasco.
7. Fíjate la temperatura en el termómetro. Anótala como temperatura ambiente.
8. Coloca el frasco en el borde de una ventana donde dé el Sol. Gíralo de modo que las aletas pintadas de negro queden mirando hacia el Sol.
9. Observa el termómetro hasta que la temperatura deje de subir. Anota la temperatura.
10. Saca el frasco de la luz y deja que vuelva a temperatura ambiente.
11. Saca la pantalla desmontable de la lámpara. Ubica la lámpara en la punta de una mesa.
12. Ubica el frasco a aproximadamente 30 cm de la lámpara. Gíralo de modo que las aletas miren hacia la lámpara.

13. Enciende la lámpara y espera aproximadamente 1 minuto.

14. Mueve el frasco unos centímetros en dirección a la lámpara hasta que empiece a aumentar la temperatura. Cuando la temperatura deje de aumentar, compárala con la que tomaste en el paso 9.

15. Repite el paso 14 hasta que la temperatura coincida con la que anotaste en el paso 9.

16. Si la temperatura aumenta demasiado, aleja el frasco de la lámpara y déjalo enfriar. Una vez que la temperatura haya bajado al menos 5°C con respecto a la que anotaste en el paso 9, puedes volver a comenzar con el paso 12.

17. Cuando la temperatura del frasco coincida con la que anotaste en el paso 9, anota la distancia entre el centro del foco y el bulbo del termómetro.

Analiza los resultados

1. El termómetro midió la misma cantidad de energía que absorbió el frasco a la distancia que mediste de la lámpara. En otras palabras, el frasco absorbió la misma cantidad de energía solar a una distancia de 150 millones de kilómetros que del foco de 100 W a la distancia que anotaste en el paso 17.

2. Aplica la siguiente fórmula para calcular la potencia del Sol (asegúrate de mostrar tu trabajo):

$$\frac{\text{potencia del Sol}}{(\text{distancia del Sol})^2} = \frac{\text{potencia de la lámpara}}{(\text{distancia de la lámpara})^2}$$

Pista: $(\text{distancia})^2$ significa que multiplicas la distancia por sí misma. Por ejemplo, si la distancia entre la lámpara y el frasco es de 5 cm, la $(\text{distancia})^2$ será 25.

Pista: convierte 150,000,000 km a 15,000,000,000,000 cm.

3. Lee el comentario sobre notación científica del Repaso de matemáticas que se encuentra en el Apéndice al final de este libro. Para comparar tus cálculos con la cifra real, deberás comprender la técnica para escribir grandes cifras. A modo de práctica, convierte a notación científica la distancia del Sol que se da en el paso 2 de la sección Analiza los resultados.

15,000,000,000,000 cm = $1.5 \times 10^{\underline{?}}$ cm

Saca conclusiones

4. El Sol emite una potencia de 3.7×10^{26} W. Compara este valor con el resultado del paso 2. ¿Fue un buen método para calcular la potencia del Sol? Explica tu respuesta.

Comprensión de lectura Respuestas

Capítulo 1 La interacción de los seres vivos

Sección 1

Pág. 7: La biosfera es la parte de la Tierra en la que se desarrolla la vida.

Sección 2

Pág. 9: Los organismos que se alimentan de otros organismos se llaman *consumidores.*

Pág. 11: Una pirámide de energía es un diagrama que muestra la pérdida de energía de un ecosistema.

Pág. 12: Los otros animales del Parque Nacional de Yellowstone se vieron afectados por la desaparición del lobo gris porque se interrumpió la red alimenticia. Los animales que eran presa común del lobo gris abundaban y comían más vegetación.

Sección 3

Pág. 15: Las principales maneras en que los organismos se afectan unos a otros son la competencia, las relaciones entre los depredadores y sus presas, las relaciones simbióticas y la coevolución.

Pág. 17: El camuflaje permite que un organismo se mezcle con el ambiente debido a su color. Para un depredador, es más difícil atrapar una presa camuflada.

Pág. 18: En una relación de mutualismo, ambos organismos se benefician.

Pág. 20: Las flores necesitan atraer a los polinizadores para poder reproducirse con otros miembros de su especie.

Capítulo 2 Los ciclos de la naturaleza

Sección 1

Pág. 33: Porque sin agua, no habría vida en la Tierra.

Pág. 35: Respuesta posible: el calcio

Sección 2

Pág. 36: Las plantas crecieron nuevamente y el área se está recuperando.

Pág. 38: La sucesión primaria tiene lugar en una zona donde anteriormente no vivía ningún organismo; la sucesión secundaria tiene lugar donde ya viven los organismos.

Capítulo 3 Los ecosistemas de la Tierra

Sección 1

Pág. 51: La palabra *caducifolio* proviene del latín y significa "de hojas caducas". En los bosques caducifolios templados, los árboles pierden las hojas en otoño.

Pág. 52: árboles perennes; ardillas, insectos, pinzones, carboneros, arrendajos, puercoespines y alces

Pág. 54: Durante la estación seca, los pastizales de la sabana se secan y se tornan amarillos, pero sus profundas raíces sobreviven por meses sin agua.

Pág. 55: Respuesta posible: Las plantas del desierto crecen alejadas unas de las otras. Algunas tienen raíces superficiales y extendidas que les permiten absorber agua luego de una tormenta. Otras poseen hojas y tallos carnosos en los que almacenan agua. También tienen una cobertura cerosa que las ayuda a no perder agua.

Pág. 56: Respuesta posible: La tundra alpina es la tundra que se ubica en las cumbres de las montañas altas, más arriba de la línea de crecimiento de los árboles.

Sección 2

Pág. 58: Respuesta posible: El plancton es una masa de organismos minúsculos que flotan cerca de la superficie del agua y forman la base de la cadena alimenticia del océano.

Pág. 59: Respuesta posible: Los peces que viven cerca de los polos están adaptados para vivir en aguas casi congeladas. Los animales que viven en los arrecifes de coral necesitan aguas cálidas para vivir. Algunos animales emigran a zonas cálidas del océano para reproducirse. La temperatura del agua también afecta la alimentación de algunos animales.

Pág. 61: Respuesta posible: Algunos animales obtienen alimentos de los materiales que se hunden hasta el fondo desde la superficie. Otros obtienen energía de los productos químicos que salen de chimeneas térmicas.

Pág. 62: Respuesta posible: Cuando los corales mueren, otros corales crecen sobre los esqueletos de los primeros. Con el paso del tiempo, las capas de esqueletos se acumulan y forman un arrecife.

Sección 3

Pág. 65: Respuesta posible: La zona litoral es la más cercana a la orilla de un lago; donde la luz llega hasta el fondo. La zona de aguas abiertas se extiende desde la zona litoral hasta donde llega la luz solar. Debajo de la zona de aguas superiores se encuentra la zona de aguas profundas.

Pág. 66: Una ciénaga es un ecosistema pantanoso en donde crecen árboles y enredaderas.

Pág. 67: Respuesta posible: Muchos peces mueren a medida que la laguna se llena porque las bacterias que descomponen el material que se deposita en ésta agotan el oxígeno del agua.

Capítulo 4 Problemas ambientales y soluciones

Sección 1

Pág. 78: Respuesta posible: Los desechos peligrosos son desechos que pueden prenderse fuego, corroer metales, explotar o enfermar a las personas.

Pág. 81: Respuesta posible: Las especies exóticas son organismos que se establecen en un nuevo lugar, lejos de su hogar natural.

Pág. 82: La contaminación puntual es la que proviene de una sola fuente. La contaminación no puntual es la que proviene de muchas fuentes diferentes.

Sección 2

Pág. 84: reducir, reutilizar, reciclar

Pág. 86: Respuesta posible: El agua se recupera mediante plantas y animales que se alimentan por filtración. Puede luego usarse para regar cultivos, jardines y campos de golf.

Pág. 89: Respuesta posible: La EPA es una organización gubernamental que ayuda a proteger el ambiente.

Capítulo 5 Recursos energéticos

Sección 1

Pág. 103: Un recurso renovable es un recurso natural que se puede reemplazar a la misma tasa a la que se consume.

Pág. 105: Las respuestas pueden variar. Respuesta posible: periódicos, recipientes de plástico y cajas de cartón.

Sección 2

Pág. 107: El gas natural se usa principalmente para la calefacción y para generar energía eléctrica.

Pág. 108: El carbón se usaba comúnmente como combustible para los trenes.

Pág. 111: El gas natural y el petróleo se extraen de la Tierra por medio de la perforación de pozos en las rocas que contienen estos recursos.

Pág. 112: El dióxido de azufre que se libera al quemar carbón se combina con la humedad del aire y produce lluvia ácida.

Sección 3

Pág. 115: La fusión produce pocos desechos peligrosos.

Pág. 116: La energía de los combustibles fósiles proviene del Sol.

Pág. 118: La energía hidroeléctrica es renovable porque el agua se recicla constantemente.

Pág. 120: Las centrales geotérmicas obtienen energía de la Tierra bombeando vapor y agua caliente de los pozos perforados en las rocas.

Destrezas de estudio

Instrucciones para crear notas plegadas

NOTAS PLEGADAS

¿Alguna vez te ha pasado que te pones a estudiar para un examen o una prueba pero no sabes por dónde empezar? ¿O que lees un capítulo y descubres que sólo recuerdas algunas ideas? ¡Las notas plegadas son una herramienta divertida e interesante que te ayudará a aprender y recordar las ideas con las que te encuentras al estudiar ciencias!

Las notas plegadas son herramientas que puedes usar para organizar conceptos. Al concentrarse en unos pocos conceptos principales, sirven para aprender y recordar cómo se relacionan los conceptos entre sí. Pueden servirte para ver el "panorama general". A continuación, encontrarás instrucciones para crear 10 tipos diferentes de notas plegadas.

Pirámide

1. Coloca una hoja de papel frente a ti. Dobla el extremo inferior izquierdo del papel en diagonal hacia el borde opuesto.

2. Recorta la pestaña de papel que se creó con el pliegue (en la parte superior).

3. Abre el papel para formar un cuadrado. Dobla el extremo inferior derecho del papel en diagonal hacia el lado opuesto para formar un triángulo.

4. Abre el papel. Las líneas de los dos dobleces habrán formado una X.

5. Con unas tijeras, corta a lo largo de una de las líneas. Comienza en cualquier esquina y detente en el punto central para crear dos pestañas. Con cinta adhesiva o pegamento, pega una de las pestañas encima de la otra.

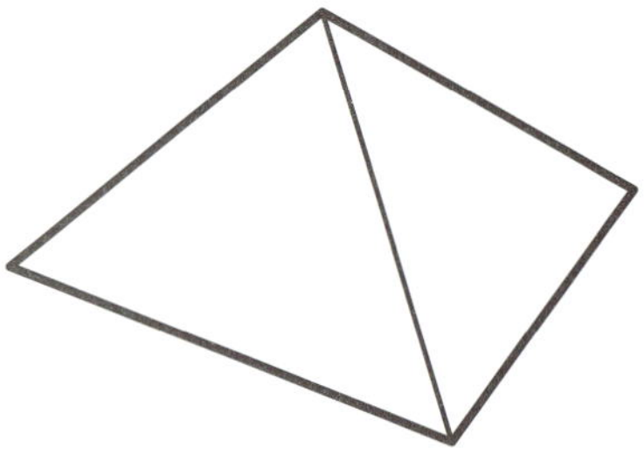

Puerta doble

1. Dobla una hoja de papel por la mitad desde la parte superior a la inferior. Luego, despliega el papel.

2. Dobla el borde superior e inferior del papel hasta la línea del doblez.

Cuadernillo

1. Dobla una hoja de papel por la mitad de izquierda a derecha. Luego, despliega el papel.
2. Dobla nuevamente la hoja de papel por la mitad desde la parte superior a la inferior. Luego, despliega el papel.
3. Vuelve a doblar la hoja de papel por la mitad de izquierda a derecha.
4. Dobla los bordes superior e inferior hacia el pliegue central.
5. Despliega completamente el papel.
6. Vuelve a doblar el papel de la parte superior a la inferior.
7. Con unas tijeras, haz un corte a lo largo de la línea del doblez central desde el borde doblado hasta las líneas de doblez que hiciste en el paso 4. No cortes toda la hoja por la mitad.
8. Dobla la hoja de papel por la mitad de izquierda a derecha. Mientras sostienes los bordes superior e inferior, empújalos al mismo tiempo para que el centro caiga dentro del corte central. Dobla las cuatro pestañas para formar un libro de cuatro páginas.

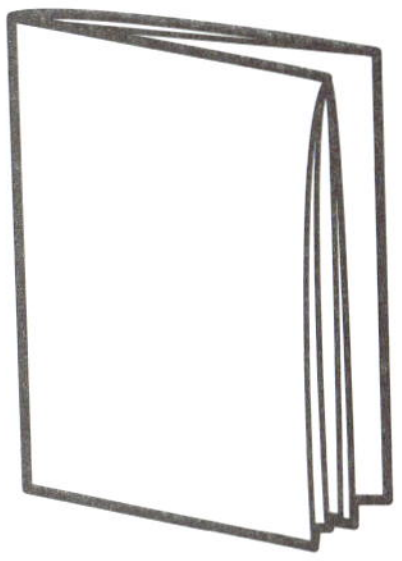

Cuaderno engrapado

1. Extiende una hoja de papel sobre otra. Desliza la hoja superior hacia arriba para que sobresalgan 2 cm de la hoja inferior.
2. Junta las dos hojas y dobla hacia abajo la parte superior de las dos para que veas cuatro pestañas de 2 cm a lo largo de la parte inferior de las hojas.
3. Engrapa la parte superior de las notas plegadas.

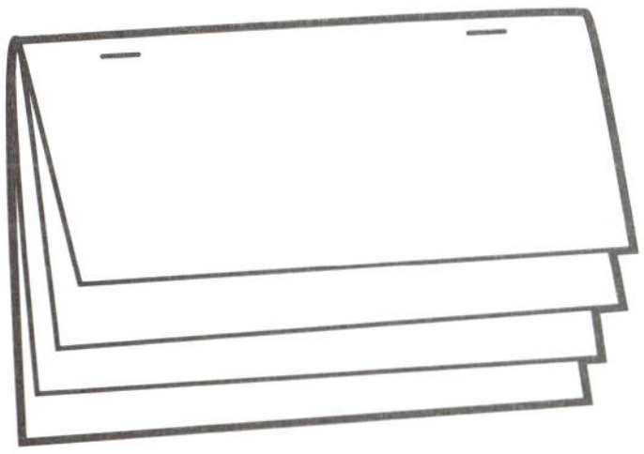

Pliego de términos clave

1. Dobla una hoja de cuaderno con renglones por la mitad de izquierda a derecha.
2. Con unas tijeras, corta a lo largo cada tres renglones desde el borde derecho del papel hasta el pliego central, para hacer pestañas.

Pliego de cuatro pestañas

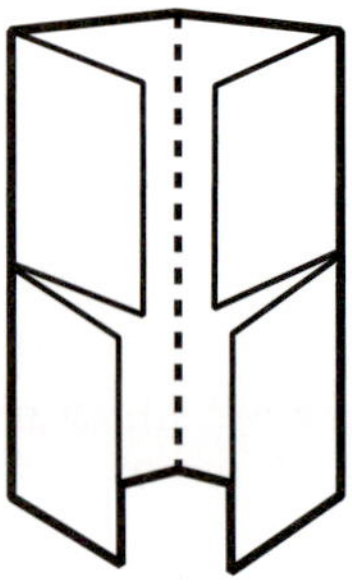

1. Dobla una hoja de papel por la mitad de izquierda a derecha. Luego, despliega el papel.
2. Dobla cada lado del papel hacia la línea de doblez que quedó en el centro.
3. Dobla el papel por la mitad de la parte superior a la inferior. Luego, despliega el papel.
4. Con unas tijeras, corta los pliegues superiores de la pestaña que hiciste en el paso 3 para formar cuatro pestañas.

Rotafolio de tres paneles

1. Dobla un trozo de papel por la mitad desde la parte superior a la inferior.
2. Dobla el papel en tercios de lado a lado. Luego, despliega el papel para que puedas ver las tres secciones.
3. Desde la parte superior del papel, corta a lo largo de cada una de las líneas verticales del pliego hasta el doblez central. Ahora tendrás tres pestañas.

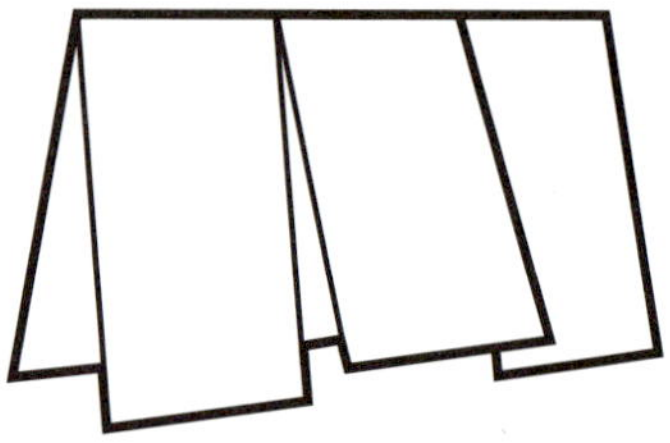

Apéndice

Tabla plegada

1. Dobla un trozo de papel por la mitad de la parte superior a la inferior. Luego, dobla el papel nuevamente por la mitad.
2. Dobla el papel en tercios de lado a lado.
3. Despliega completamente el papel. Con una lapicera o un lápiz, traza con cuidado las líneas de los dobleces.

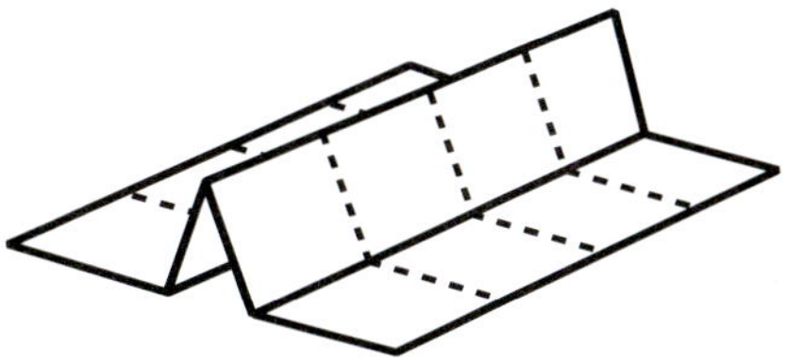

Rotafolio de dos paneles

1. Dobla un trozo de papel por la mitad desde la parte superior a la inferior.
2. Dobla el papel por la mitad de lado a lado. Luego despliega el papel para que puedas ver las dos secciones.
3. Desde la parte superior del papel, corta a lo largo del pliegue vertical hasta el pliegue central. Ahora tendrás dos pestañas.

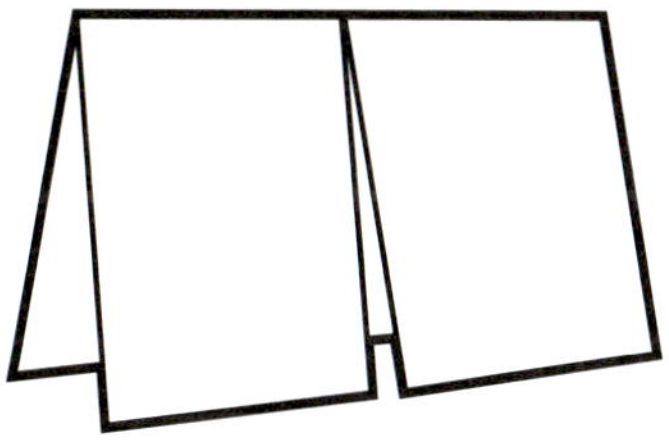

Tríptico

1. Dobla un trozo de papel en tercios de la parte superior a la inferior.
2. Despliega el papel para que puedas ver las tres secciones. Luego, coloca el papel de costado para que las tres secciones formen columnas verticales.
3. Con una lapicera o un lápiz, traza las líneas de los dobleces. Escribe en las columnas los rótulos "Lo que sé", "Lo que quiero saber" y "Lo que aprendí".

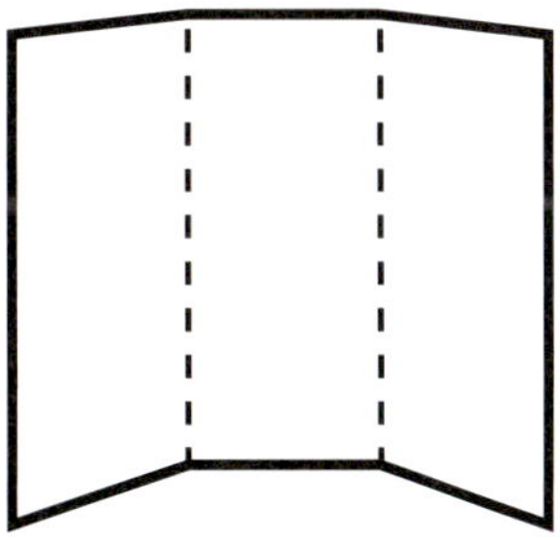

Instrucciones para crear un organizador gráfico

Organizador gráfico

¿Alguna vez has deseado "dibujar" los distintos conceptos que aprendes en tu clase de ciencias? A veces, ver cómo se relacionan los conceptos te sirve para recordar mejor lo que aprendiste. ¡Y para eso están los organizadores gráficos! Te ofrecen una manera de dibujar u organizar los conceptos.

Lo único que hace falta para crear un organizador gráfico es una hoja de papel y un lápiz. A continuación, encontrarás las instrucciones para crear cuatro tipos de organizadores gráficos, diseñados para ayudarte a organizar los conceptos que aprenderás en este libro.

Mapa tipo araña

1. Dibuja un diagrama como el que se muestra a la derecha. En el círculo, escribe el tema principal.
2. Dibuja varias patas que salgan del círculo para representar las diferentes categorías del tema principal. Puedes poner todas las categorías que quieras.
3. Dibuja líneas horizontales que salgan de cada pata, o categoría. Mientras lees el capítulo, escribe detalles acerca de cada categoría sobre las líneas horizontales.

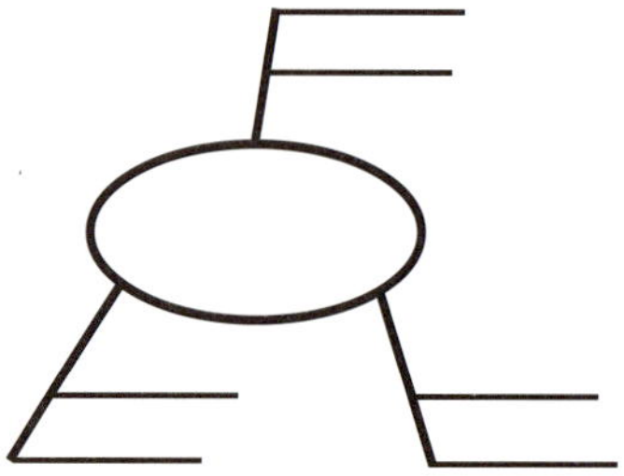

Tabla de comparaciones

1. Dibuja una tabla como la que se muestra a la derecha. Puede tener todas las columnas y filas que quieras.
2. En la fila de arriba, escribe los temas que quieres comparar.
3. En la columna de la izquierda, escribe características de los temas que quieres comparar. Mientras lees el capítulo, completa las características de cada tema en las casillas apropiadas.

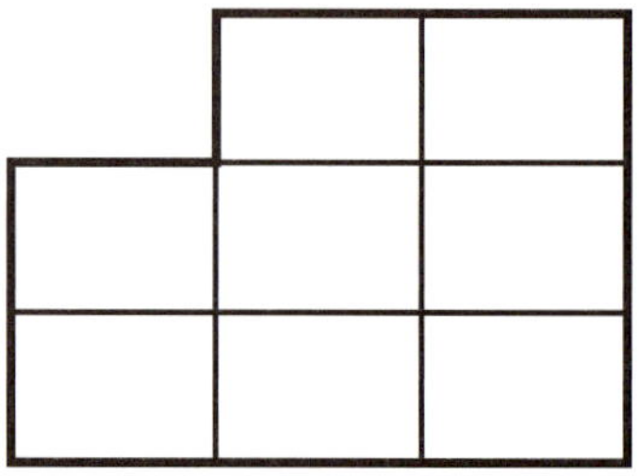

Diagrama cronológico de sucesos

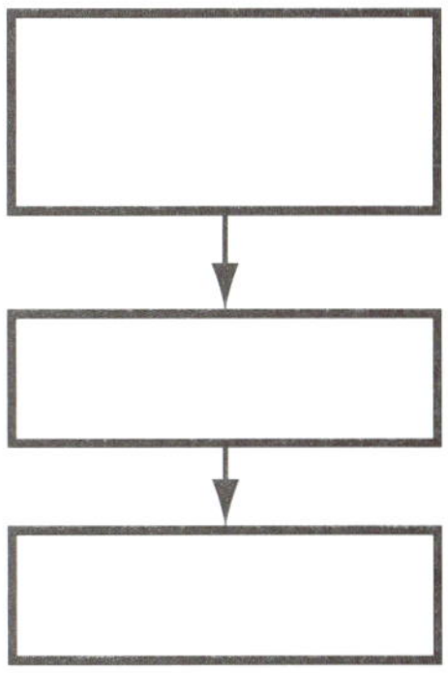

1. Dibuja un recuadro. Dentro del recuadro, escribe el primer paso de un proceso o el primer suceso de una cronología.
2. Debajo de este recuadro, dibuja otro y une ambos con una flecha. En el segundo recuadro, escribe el siguiente paso del proceso o el siguiente suceso de la cronología.
3. Sigue agregando recuadros hasta que termine el proceso o la cronología.

Mapa de conceptos

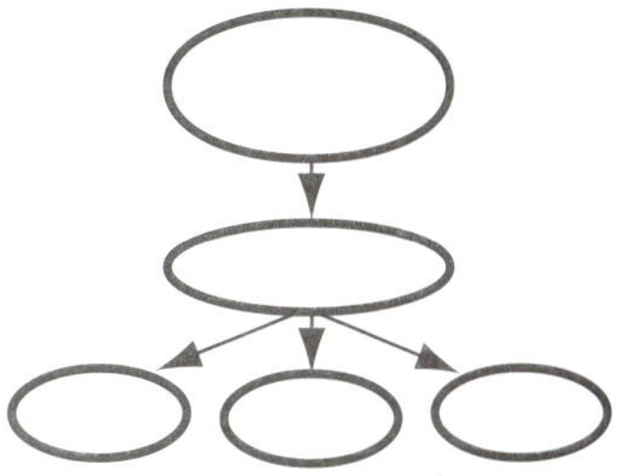

1. Dibuja un círculo en el centro de una hoja de papel. Escribe la idea principal del capítulo en el centro del círculo.
2. Dibuja otros círculos que salgan del principal. En ellos escribe características de la idea principal. Traza flechas que vayan desde el círculo central hasta los círculos que contienen las características.
3. Dibuja otros círculos que salgan desde cada círculo que contiene una característica. En ellos escribe detalles específicos de cada característica. Traza flechas que vayan desde cada círculo que contiene una característica hasta los círculos que contienen sus detalles específicos. Puedes dibujar todos los círculos que quieras.

Métodos científicos

Los **métodos científicos** son las maneras en que los científicos contestan preguntas y resuelven problemas. A menudo, los científicos siguen los mismos pasos cuando buscan respuestas. Sin embargo, hay más de una manera de seguir estos pasos. Durante una investigación, los científicos pueden seguir todos los pasos o sólo algunos. Incluso pueden repetir algunos pasos. El objetivo de usar los métodos científicos es obtener respuestas y soluciones confiables.

Los seis pasos de los métodos científicos

1 Hacer una pregunta

Las buenas preguntas provienen de la **observación** cuidadosa. Haces observaciones cuando usas tus sentidos para reunir información. Algunas veces puedes usar instrumentos, como microscopios y telescopios, para ampliar el rango de tus sentidos. Al observar la naturaleza, descubrirás que tienes muchas más preguntas que respuestas. Estas preguntas son las que impulsan las investigaciones.

Las preguntas que comienzan con *qué, por qué, cómo* y *cuándo* son importantes para centrar una investigación. Aquí se da un ejemplo de una pregunta que podría llevar a una investigación:

Pregunta: ¿Cómo afecta la lluvia ácida al crecimiento de las plantas?

2 Formular una hipótesis

Después de hacer una pregunta, debes formular una **hipótesis.** Una hipótesis es una afirmación que esperas que sea la respuesta a tu pregunta. Representa tu mejor "suposición fundamentada", basada en lo que has observado y en lo que ya sabes. Una buena hipótesis es verificable. De lo contrario, la investigación no puede continuar. Aquí se da el ejemplo de una hipótesis basada en la pregunta: "¿Cómo afecta la lluvia ácida al crecimiento de las plantas?".

Hipótesis: La lluvia ácida retrasa el crecimiento de las plantas.

La hipótesis puede llevar a hacer predicciones. Una predicción es el resultado que esperas obtener de tu experimento o de la recolección de datos. Por lo general, las predicciones se expresan en formato de "Si..., entonces...". Aquí se da un ejemplo de una predicción para la hipótesis de que la lluvia ácida retrasa el crecimiento de las plantas.

Predicción: Si se riega una planta sólo con lluvia ácida (que tiene un pH de 4), entonces la planta crecerá a la mitad de su velocidad normal.

3 Comprobar la hipótesis

Después de haber formulado una hipótesis y haber hecho una predicción, debes comprobar tu hipótesis. Una forma de comprobar una hipótesis es mediante un experimento controlado. Un **experimento controlado** pone a prueba sólo un factor a la vez. En un experimento para verificar el efecto de la lluvia ácida sobre el crecimiento de las plantas, se debe regar el **grupo de control** con agua de lluvia normal. El **grupo experimental** debe regarse con lluvia ácida. Todas las plantas deben recibir a diario la misma cantidad de luz solar y agua. La temperatura del aire debe ser la misma para todos los grupos. Sin embargo, la acidez del agua debe ser una variable. De hecho, cualquier factor que sea distinto entre un grupo y el otro se llama **variable.** Si tu hipótesis es correcta, entonces la acidez del agua y el crecimiento de las plantas son *variables dependientes.* El crecimiento de una planta depende de la acidez del agua. Sin embargo, la cantidad de agua y la cantidad de luz que recibe cada planta son *variables independientes.* Cualquiera de estos factores puede cambiar sin afectar al otro.

A veces, la naturaleza de una investigación hace que sea imposible realizar un experimento controlado. Por ejemplo, el núcleo de la Tierra está rodeado por miles de metros de roca. En esas circunstancias, se puede comprobar una hipótesis mediante observaciones detalladas.

4 Analizar los resultados

Después de haber completado tus experimentos, hacer tus observaciones y recopilar los datos, debes analizar toda la información que has reunido. En este paso suelen usarse tablas y gráficas para organizar los datos.

Después de analizar los datos que reuniste, puedes determinar si los resultados confirman tu hipótesis. Si es así, puedes optar (tú mismo u otros) por repetir las observaciones o experimentos para verificar los resultados. Si los datos no confirman tu hipótesis, quizá tengas que verificar tu procedimiento para descartar errores. Incluso es posible que tengas que desechar tu hipótesis y formular una nueva. Si no puedes sacar una conclusión a partir de tus resultados, quizá debas repetir la investigación o hacer más observaciones o experimentos.

Después de realizar cualquier investigación científica, debes informar sobre los resultados que obtuviste. Al preparar un informe escrito u oral, permites que los demás sepan lo que has averiguado. Es posible que otros científicos repitan tu investigación para ver si obtienen los mismos resultados. Incluso puede ser que tu informe conduzca a otra pregunta y luego a otra investigación.

Los métodos científicos en acción

Los métodos científicos contienen circuitos cerrados en los que varios pasos se pueden repetir muchas veces. En algunos casos, ciertos pasos son innecesarios. En consecuencia, no existe una "línea recta" de pasos a seguir. Por ejemplo, a veces los científicos descubren que la comprobación de una hipótesis da lugar a nuevas preguntas e hipótesis que hay que verificar. Y algunas veces, comprobar la hipótesis conduce directamente a una conclusión. Además, los pasos en los métodos científicos no se siguen siempre en el mismo orden. Sigue los pasos del diagrama y observa en cuántas direcciones diferentes pueden llevarte los métodos científicos.

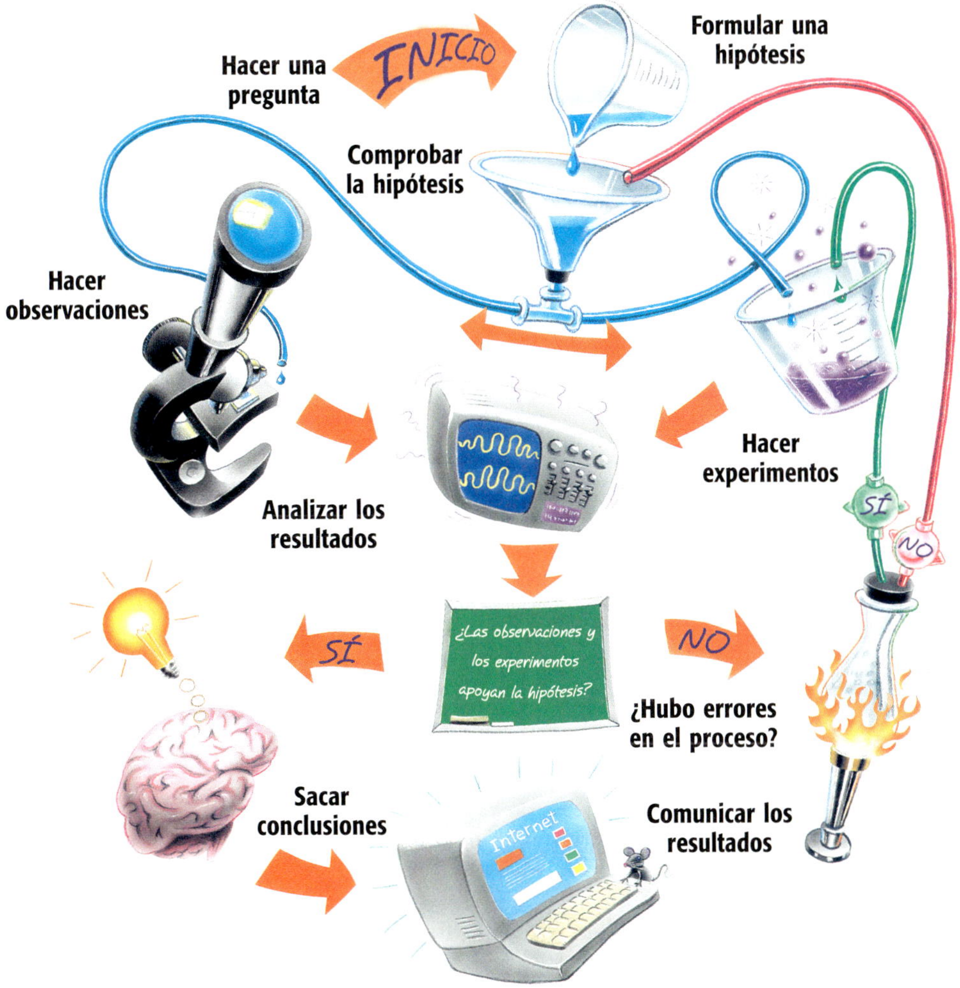

Apéndice

Repaso de matemáticas

Para entender las ciencias, es necesario comprender muchos conceptos matemáticos. Las siguientes páginas te ayudarán a repasar varias destrezas matemáticas importantes.

Promedio

El **promedio,** o **media,** simplifica un conjunto de números en un único número que *se aproxima* al valor del conjunto.

Ejemplo: Halla el promedio del siguiente conjunto de números: 5, 4, 7 y 8.

Paso 1: Halla la suma.

$$5 + 4 + 7 + 8 = 24$$

Paso 2: Divide la suma por la cantidad de números que hay en el conjunto. Como en este ejemplo hay cuatro números, divide la suma por 4.

$$\frac{24}{4} = 6$$

El promedio, o media, es **6.**

Razones

Una **razón** es una comparación entre números, que generalmente se escribe en forma de fracción.

Ejemplo: Halla la razón entre termómetros y estudiantes si hay 36 termómetros y 48 estudiantes en tu clase.

Paso 1: Escribe la razón.

$$\frac{36 \text{ termómetros}}{48 \text{ estudiantes}}$$

Paso 2: Reduce la fracción a su mínima expresión.

$$\frac{36}{48} = \frac{36 \div 12}{48 \div 12} = \frac{3}{4}$$

La razón entre termómetros y estudiantes es de **3 a 4,** o $\frac{3}{4}$. La razón también se puede expresar como 3:4.

Proporciones

Una **proporción** es una ecuación que expresa que dos razones son iguales.

$$\frac{3}{1} = \frac{12}{4}$$

Para resolver una proporción, primero multiplica de forma cruzada los números a ambos lados del signo igual. Esto se llama *multiplicación cruzada*. Si conoces tres de las cantidades de una proporción, puedes usar la multiplicación cruzada para hallar la cuarta.

Ejemplo: Imagina que estás haciendo un modelo a escala del Sistema Solar para tu proyecto de ciencias. El diámetro de Júpiter es 11.2 veces mayor que el diámetro de la Tierra. Si estás usando una pelota de espuma plástica con un diámetro de 2 cm para representar la Tierra, ¿cuál debe ser el diámetro de la pelota que representa Júpiter?

$$\frac{11.2}{1} = \frac{x}{2 \text{ cm}}$$

Paso 1: Multiplica de forma cruzada.

$$\frac{11.2}{1} \times \frac{x}{2}$$

$$11.2 \times 2 = x \times 1$$

Paso 2: Multiplica.

$$22.4 = x \times 1$$

Paso 3: Aísla la variable dividiendo ambos lados por 1.

$$x = \frac{22.4}{1}$$

$$x = 22.4 \text{ cm}$$

Debes usar una pelota con un diámetro de **22.4** cm para representar Júpiter.

Apéndice

Porcentajes

Un **porcentaje** es la relación entre un número dado y 100.

Ejemplo: ¿Cuánto es el 85% de 40?

Paso 1: Vuelve a escribir el porcentaje moviendo el punto decimal dos lugares hacia la izquierda.

0.85

Paso 2: Multiplica el decimal por el número cuyo porcentaje estás calculando.

$0.85 \times 40 = 34$

El 85% de 40 es **34.**

Decimales

Para **sumar** o **restar decimales,** alinea verticalmente los dígitos para que los puntos decimales coincidan. Luego, suma o resta las columnas de derecha a izquierda. Lleva números según sea necesario.

Ejemplo: Suma los siguientes números: 3.1415 y 2.96.

Paso 1: Alinea verticalmente los dígitos para que los puntos decimales coincidan.

$$\begin{array}{r} 3.1415 \\ +\ 2.96 \\ \hline \end{array}$$

Paso 2: Suma las columnas de derecha a izquierda, y llévate los números cuando sea necesario.

$$\begin{array}{r} {\scriptstyle 1\ 1} \\ 3.1415 \\ +\ 2.96 \\ \hline 6.1015 \end{array}$$

La suma es **6.1015.**

Fracciones

Los números indican cantidad; las **fracciones** indican *una parte de un entero.*

Ejemplo: Tu salón de clases tiene 24 plantas. Tu maestro te indica que coloques 5 de ellas a la sombra. ¿Qué fracción de las plantas de tu salón pondrás a la sombra?

Paso 1: En el denominador, escribe el número total de partes del entero.

$$\frac{?}{24}$$

Paso 2: En el numerador, escribe el número de partes del entero que se están considerando.

$$\frac{5}{24}$$

Por lo tanto $\mathbf{\frac{5}{24}}$ de las plantas quedarán a la sombra.

Reducir fracciones

Por lo general, es mejor escribir una fracción en su mínima expresión. Esto se llama *reducir* una fracción.

Ejemplo: Reduce la fracción $\frac{30}{45}$ a su mínima expresión.

Paso 1: Halla el número entero más grande divisible tanto por el numerador como por el denominador. Este número se llama *máximo común divisor* (MCD; GCF en inglés).

Divisores del numerador 30:

1, 2, 3, 5, 6, 10, **15,** 30

Divisores del denominador 45:

1, 3, 5, 9, **15,** 45

Paso 2: Divide el numerador y el denominador por el MCD, que en este caso es 15.

$$\frac{30}{45} = \frac{30 \div 15}{45 \div 15} = \frac{2}{3}$$

Por lo tanto, $\frac{30}{45}$ reducido a su mínima expresión es $\mathbf{\frac{2}{3}}$.

Apéndice

Sumar y restar fracciones

Para **sumar** o **restar** fracciones que tienen el **mismo denominador,** simplemente suma o resta los numeradores.

Ejemplos:

$$\frac{3}{5} + \frac{1}{5} = ? \text{ y } \frac{3}{4} - \frac{1}{4} = ?$$

Paso 1: Suma o resta los numeradores.

$$\frac{3}{5} + \frac{1}{5} = \frac{4}{} \text{ y } \frac{3}{4} - \frac{1}{4} = \frac{2}{}$$

Paso 2: Escribe la suma o la diferencia sobre el denominador.

$$\frac{3}{5} + \frac{1}{5} = \frac{4}{5} \text{ y } \frac{3}{4} - \frac{1}{4} = \frac{2}{4}$$

Paso 3: Si es necesario, reduce la fracción a su mínima expresión.

$\mathbf{\frac{4}{5}}$ no se puede reducir y $\frac{2}{4} = \mathbf{\frac{1}{2}}$.

Para **sumar** o **restar fracciones** que tienen **distinto denominador,** halla primero el mínimo común denominador (mcd; LCD en inglés).

Ejemplos:

$$\frac{1}{2} + \frac{1}{6} = ? \text{ y } \frac{3}{4} - \frac{2}{3} = ?$$

Paso 1: Escribe las fracciones equivalentes que tienen un denominador común.

$$\frac{3}{6} + \frac{1}{6} = ? \text{ y } \frac{9}{12} - \frac{8}{12} = ?$$

Paso 2: Suma o resta las fracciones.

$$\frac{3}{6} + \frac{1}{6} = \frac{4}{6} \text{ y } \frac{9}{12} - \frac{8}{12} = \frac{1}{12}$$

Paso 3: Si es necesario, reduce la fracción a su mínima expresión.

La fracción $\frac{4}{6} = \mathbf{\frac{2}{3}}$, y $\mathbf{\frac{1}{12}}$ no se puede reducir.

Multiplicar fracciones

Para **multiplicar fracciones,** multiplica por un lado los numeradores y por otro los denominadores y luego reduce la fracción a su mínima expresión.

Ejemplo:

$$\frac{5}{9} \times \frac{7}{10} = ?$$

Paso 1: Multiplica los numeradores y los denominadores.

$$\frac{5}{9} \times \frac{7}{10} = \frac{5 \times 7}{9 \times 10} = \frac{35}{90}$$

Paso 2: Reduce la fracción.

$$\frac{35}{90} = \frac{35 \div 5}{90 \div 5} = \mathbf{\frac{7}{18}}$$

Dividir fracciones

Para **dividir fracciones,** primero vuelve a escribir el divisor (el número por el que divides) en forma invertida. A este número se lo llama el *recíproco* del divisor. Luego, multiplica y reduce si es necesario.

Ejemplo:

$$\frac{5}{8} \div \frac{3}{2} = ?$$

Paso 1: Vuelve a escribir el divisor como su recíproco.

$$\frac{3}{2} \rightarrow \frac{2}{3}$$

Paso 2: Multiplica las fracciones.

$$\frac{5}{8} \times \frac{2}{3} = \frac{5 \times 2}{8 \times 3} = \frac{10}{24}$$

Paso 3: Reduce la fracción.

$$\frac{10}{24} = \frac{10 \div 2}{24 \div 2} = \mathbf{\frac{5}{12}}$$

Notación científica

La **notación científica** es una manera breve de representar números muy grandes y muy pequeños sin escribir todos los ceros.

Ejemplo: Escribe 653,000,000 en notación científica.

Paso 1: Escribe el número sin los ceros.

653

Paso 2: Coloca el punto decimal después del primer dígito.

6.53

Paso 3: Halla el exponente contando el número de lugares que moviste el punto decimal.

6.53000000

El punto decimal se movió ocho lugares hacia la izquierda. Por lo tanto, el exponente de 10 es 8 positivo. Si hubieras movido el punto decimal a la derecha, el exponente habría sido negativo.

Paso 4: Escribe el número en notación científica.

$\mathbf{6.53 \times 10^8}$

Área

El **área** es el número de unidades cuadradas necesarias para cubrir la superficie de un objeto.

Fórmulas:

área de un cuadrado = *lado* × *lado*
área de un rectángulo = *largo* × *ancho*
área de un triángulo = $\frac{1}{2}$ × *base* × *altura*

Ejemplos: Halla el área.

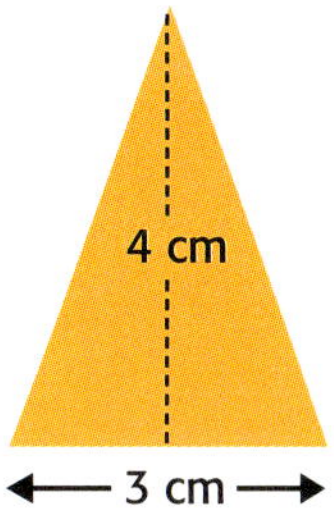

Triángulo

área = $\frac{1}{2}$ × *base* × *altura*
área = $\frac{1}{2}$ × 3 cm × 4 cm
área = **6 cm²**

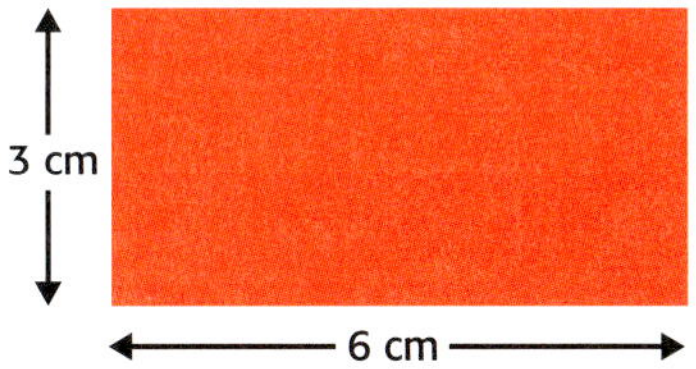

Rectángulo

área = *largo* × *ancho*
área = 6 cm × 3 cm
área = $\mathbf{18\ cm^2}$

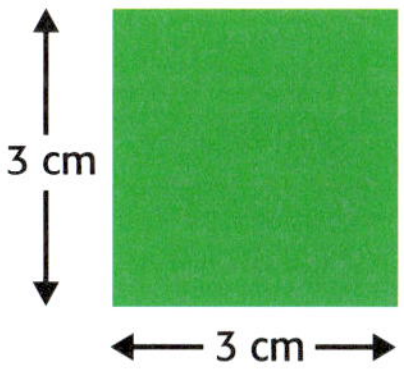

Cuadrado

área = *lado* × *lado*
área = 3 cm × 3 cm
área = $\mathbf{9\ cm^2}$

Volumen

El **volumen** es la cantidad de espacio que ocupa un objeto.

Fórmulas:

volumen de un cubo = *lado* × *lado* × *lado*

volumen de un prisma = *área de la base* × *altura*

Ejemplos:

Halla el volumen de los cuerpos geométricos.

Cubo

volumen = *lado* × *lado* × *lado*
volumen = 4 cm × 4 cm × 4 cm
volumen = $\mathbf{64\ cm^3}$

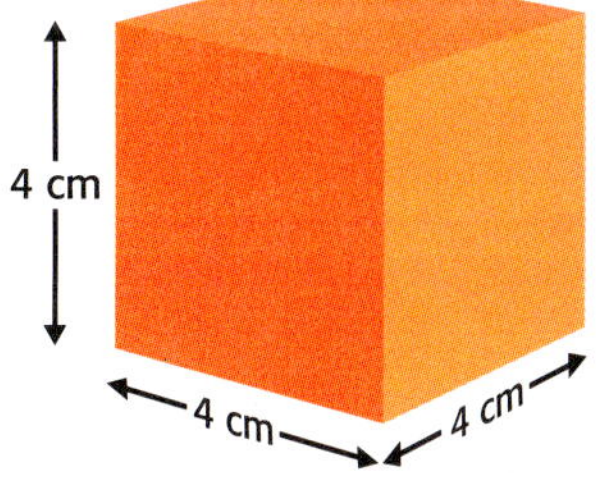

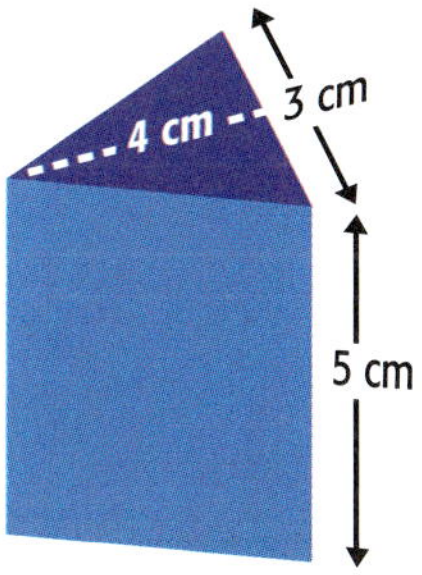

Prisma

volumen = *área de la base* × *altura*
volumen = (*área del triángulo*) × *altura*
volumen = ($\frac{1}{2}$ × 3 cm × 4 cm) × 5 cm
volumen = 6 cm^2 × 5 cm
volumen = $\mathbf{30\ cm^3}$

Nota: Algunas fórmulas matemáticas se basan en el nombre en inglés de los elementos de la fórmula. Por ejemplo, la fórmula del área en español es: A = L × L *(área = lado i lado)*, pero en inglés es *A* = *S* × *S* *(area = side × side)*. Toma nota también de los siguientes casos:

	Inglés	Español
Ventaja mecánica	MA	VM
Energía cinética	KE	EC
Energía potencial gravitatoria	GPE	EPG
Unidad de masa atómica	amu	uma

Glosario

A

abiótico término que describe la parte sin vida del ambiente, incluyendo el agua, las rocas, la luz y la temperatura (4)

B

biodiversidad el número y la variedad de organismos que se encuentran en un área determinada durante un período específico de tiempo (82)

bioma una región extensa caracterizada por un tipo de clima específico y ciertos tipos de comunidades de plantas y animales (50)

biomasa materia orgánica que puede ser una fuente de energía; la masa total de los organismos en un área determinada (119)

biosfera la parte de la Tierra donde existe la vida (7)

biótico término que describe los factores vivientes del ambiente (4)

C

cadena alimenticia la vía de transferencia de energía través de varias etapas, que ocurre como resultado de los patrones de alimentación de una serie de organismos (10)

capacidad de carga la población más grande que un ambiente puede sostener en cualquier momento dado (15)

carbón un combustible fósil que se forma en el subsuelo a partir de materiales vegetales parcialmente descompuestos (108)

carnívoro un organismo que se alimenta de animales (9)

ciénaga un ecosistema pantanoso en el que crecen arbustos y árboles (66)

coevolución la evolución de dos especies que se debe a su influencia mutua, a menudo de un modo que hace que la relación sea más beneficiosa para ambas (19)

combustible fósil un recurso energético no renovable formado a partir de los restos de organismos que vivieron hace mucho tiempo (106)

combustión fenómeno que ocurre cuando una sustancia se quema (34)

comensalismo una relación entre dos organismos en la que uno se beneficia y el otro no es afectado (18)

comunidad todas las poblaciones de especies que viven en el mismo hábitat e interactúan entre sí (6)

condensación el cambio de estado de gas a líquido (32)

conservación la preservación y el uso inteligente de los recursos naturales (84)

consumidor un organismo que se alimenta de otros organismos o de materia orgánica

contaminación un cambio indeseable en el ambiente producido por sustancias dañinas, desechos, gases, ruidos o radiación (78)

D

depredador un organismo que se alimenta de otro organismo o de parte de él (16)

descomponedor un organismo que, para obtener energía, desintegra los restos de organismos muertos o los desechos de animales y consume o absorbe los nutrientes

descomposición la desintegración de sustancias en sustancias moleculares más simples (34)

desierto una región con poca vegetación o sin vegetación, largos períodos sin lluvia y temperaturas extremas; generalmente se ubica en climas calientes (55)

E

ecología el estudio de las interacciones de los seres vivos entre sí mismos y entre sí mismos y su ambiente (4)

ecosistema una comunidad de organismos y su ambiente abiótico o no vivo (7)

energía geotérmica la energía producida por el calor del interior de la Tierra (120)

energía hidroeléctrica energía eléctrica producida por agua en caída (118)

energía nuclear la energía liberada por una reacción de fisión o fusión; la energía de enlace del núcleo atómico (114)

energía química la energía que se libera cuando un compuesto químico reacciona para producir nuevos compuestos (116)

energía solar la energía que la Tierra recibe del Sol en forma de radiación (116)

esmog bruma fotoquímica que se forma cuando la luz solar actúa sobre contaminantes industriales y combustibles (112)

especie pionera una especie que coloniza un área deshabitada y empieza un proceso de sucesión (37)

estuario un área donde el agua dulce de los ríos se mezcla con el agua salada del océano (62)

evaporación el cambio de una sustancia de líquido a gas (32)

G

gas natural una mezcla de hidrocarburos gaseosos que se encuentran debajo de la superficie de la Tierra, normalmente cerca de los depósitos de petróleo, y los cuales se usan como combustible (107)

gasohol una mezcla de gasolina y alcohol que se usa como combustible (119)

H

herbívoro un organismo que sólo come plantas (9)

huésped el organismo del cual un parásito obtiene alimento y refugio

M

mutualismo una relación entre dos especies en la que ambas se benefician (18)

O

omnívoro un organismo que come tanto plantas como animales (9)

P

pantano un ecosistema pantanoso sin árboles, donde crecen plantas tales como el pasto (66)

parasitismo una relación entre dos especies en la que una, el parásito, se beneficia de la otra, el huésped, que resulta perjudicada (19)

parásito un organismo que se alimenta de un organismo de otra especie (el huésped) y que normalmente lo daña; el huésped nunca se beneficia de la presencia del parásito

petróleo una mezcla líquida de compuestos hidrocarburos complejos; se usa ampliamente como una fuente de combustible (107)

pirámide de energía un diagrama triangular que muestra la pérdida de energía en un ecosistema, producida a medida que la energía pasa a través de la cadena alimenticia del ecosistema (11)

plancton la masa de organismos en su mayoría microscópicos que flotan o se encuentran a la deriva en ambientes de agua dulce o marina (58)

población un grupo de organismos de la misma especie que viven en un área geográfica específica (6)

potencia eólica el uso de un molino de viento para hacer funcionar un generador eléctrico (117)

precipitación cualquier forma de agua que cae de las nubes a la superficie de la Tierra (32)

precipitación ácida lluvia, aguanieve o nieve que contiene una alta concentración de ácidos (112)

presa un organismo al que otro organismo mata para alimentarse de él (16)

productor un organismo que puede elaborar sus propios alimentos utilizando la energía de su entorno

R

reciclar el proceso de recuperar materiales valiosos o útiles de los desechos o de la basura; el proceso de reutilizar algunas cosas (87, 105)

recurso natural cualquier material natural que es utilizado por los seres humanos, como agua, petróleo, minerales, bosques y animales (103)

recurso no renovable un recurso que se forma a una tasa que es mucho más lenta que la tasa a la que se consume (80, 103)

recurso renovable un recurso natural que puede reemplazarse a la misma tasa a la que se consume (80, 103)

red alimenticia un diagrama que muestra las relaciones de alimentación entre los organismos de un ecosistema (10)

S

sabana una región de pastizales que, a menudo, tiene árboles dispersos; se encuentra en áreas tropicales y subtropicales donde se producen lluvias, incendios y sequías estacionales (54)

simbiosis una relación en la que dos organismos diferentes viven estrechamente asociados uno con el otro (18)

sobrepoblación la presencia de demasiados individuos en un área para los recursos disponibles (81)

sucesión el reemplazo de un tipo de comunidad por otro en un mismo lugar a lo largo de un período de tiempo (36)

T

terreno pantanoso un área de tierra que está periódicamente bajo el agua o cuyo suelo contiene una gran cantidad de humedad (66)

tundra una llanura sin árboles situada en la región ártica o antártica o en la cumbre de las montañas; se caracteriza por temperaturas muy bajas en el invierno y veranos cortos y frescos (56)

Z

zona de aguas abiertas la zona de un lago o una laguna que se extiende desde la zona litoral y cuya profundidad sólo alcanza hasta donde penetra la luz (65)

zona de aguas profundas la zona de un lago o laguna debajo de la zona de aguas abiertas, a donde no llega la luz (65)

zona litoral la zona poco profunda de un lago o una laguna donde la luz llega al fondo y nutre a las plantas (65)

Glosario en inglés

A

abiótico/abiotic describes the nonliving part of the environment, including water, rocks, light, and temperature (4)

B

biodiversidad/biodiversity the number and variety of organisms in a given area during a specific period of time (82)

bioma/biome a large region characterized by a specific type of climate and certain types of plant and animal communities (50)

biomasa/biomass organic matter that can be a source of energy; the total mass of the organisms in a given area (119)

biosfera/biosphere the part of Earth where life exists (7)

biótico/biotic describes living factors in the environment (4)

C

cadena alimenticia/food chain the pathway of energy transfer through various stages as a result of the feeding patterns of a series of organisms (10)

capacidad de carga/carrying capacity the largest population that an environment can support at any given time (15)

carbón/coal a fossil fuel that forms underground from partially decomposed plant material (108)

carnívoro/carnivore an organism that eats animals (9)

ciénaga/swamp a wetland ecosystem in which shrubs and trees grow (66)

coevolución/coevolution the evolution of two species that is due to mutual influence, often in a way that makes the relationship more beneficial to both species (19)

combustible fósil/fossil fuel a nonrenewable energy resource formed from the remains of organisms that lived long ago (106)

combustión/combustion the burning of a substance (34)

comensalismo/commensalism a relationship between two organisms in which one organism benefits and the other is unaffected (18)

comunidad/community all of the populations of species that live in the same habitat and interact with each other (6)

condensación/condensation the change of state from a gas to a liquid (32)

conservación/conservation the preservation and wise use of natural resources (84)

consumidor/consumer an organism that eats other organisms or organic matter

contaminación/pollution an unwanted change in the environment that is caused by harmful substances, wastes, gases, noise, or radiation (78)

D

depredador/predator an organism that eats all or part of another organism (16)

descomponedor/decomposer an organism that gets energy by breaking down the remains of dead organisms or animal wastes and consuming or absorbing the nutrients

descomposición/decomposition the breakdown of substances into simpler molecular substances (34)

desierto/desert an area that has little or no plant life, long periods without rain, and extreme temperatures; usually found in hot climates (55)

E

ecología/ecology the study of the interactions of living organisms with one another and with their environment (4)

ecosistema/ecosystem a community of organisms and their abiotic, or nonliving, environment (7)

energía geotérmica/geothermal energy the energy produced by heat within the Earth (120)

energía hidroeléctrica/hydroelectric energy electrical energy produced by falling water (118)

energía nuclear/nuclear energy the energy released by a fission or fusion reaction; the binding energy of the atomic nucleus (114)

energía química/chemical energy the energy released when a chemical compound reacts to produce new compounds (116)

energía solar/solar energy the energy received by the Earth from the sun in the form of radiation (116)

esmog/smog photochemical haze that forms when sunlight acts on industrial pollutants and burning fuels (112)

especie pionera/pioneer species a species that colonizes an uninhabited area and that starts a process of succession (37)

estuario/estuary an area where fresh water from rivers mixes with salt water from the ocean (62)

evaporación/evaporation the change of a substance from a liquid to a gas (32)

G

gas natural/natural gas a mixture of gaseous hydrocarbons located under the surface of the Earth, often near petroleum deposits; used as a fuel (107)

gasohol/gasohol a mixture of gasoline and alcohol that is used as a fuel (119)

H

herbívoro/herbivore an organism that eats only plants (9)

huésped/host an organism from which a parasite takes food or shelter

M

mutualismo/mutualism a relationship between two species in which both species benefit (18)

O

omnívoro/omnivore an organism that eats both plants and animals (9)

P

pantano/marsh a treeless wetland ecosystem where plants such as grasses grow (66)

parasitismo/parasitism a relationship between two species in which one species, the parasite, benefits from the other species, the host, which is harmed (19)

parásito/parasite an organism that feeds on an organism of another species (the host) and that usually harms the host; the host never benefits from the presence of the parasite

petróleo/petroleum a liquid mixture of complex hydrocarbon compounds; used widely as a fuel source (107)

pirámide de energía/energy pyramid a triangular diagram that shows an ecosystem's loss of energy, which results as energy passes through the ecosystem's food chain (11)

plancton/plankton the mass of mostly microscopic organisms that float or drift freely in freshwater and marine environments (58)

población/population a group of organisms of the same species that live in a specific geographical area (6)

potencia eólica/wind power the use of a windmill to drive an electric generator (117)

precipitación ácida/acid precipitation rain, sleet, or snow that contains a high concentration of acids (112)

precipitación/precipitation any form of water that falls to the Earth's surface from the clouds (32)

presa/prey an organism that is killed and eaten by another organism (16)

productor/producer an organism that can make its own food by using energy from its surroundings

R

reciclar/recycling the process of recovering valuable or useful materials from waste or scrap; the process of reusing some items (87, 105)

recurso natural/natural resource any natural material that is used by humans, such as water, petroleum, minerals, forests, and animals (103)

recurso no renovable/nonrenewable resource a resource that forms at a rate that is much slower than the rate at which it is consumed (80, 103)

recurso renovable/renewable resource a natural resource that can be replaced at the same rate at which the resource is consumed (80, 103)

red alimenticia/food web a diagram that shows the feeding relationships between organisms in an ecosystem (10)

S

sabana/savanna a grassland that often has scattered trees and that is found in tropical and subtropical areas where seasonal rains, fires, and drought happen (54)

simbiosis/symbiosis a relationship in which two different organisms live in close association with each other (18)

sobrepoblación/overpopulation the presence of too many individuals in an area for the available resources (81)

sucesión/succession the replacement of one type of community by another at a single location over a period of time (36)

T

terreno pantanoso/wetland an area of land that is periodically underwater or whose soil contains a great deal of moisture (66)

tundra/tundra a treeless plain found in the Arctic, in the Antarctic, or on the tops of mountains that is characterized by very low winter temperatures and short, cool summers (56)

Z

zona de aguas abiertas/open-water zone the zone of a pond or lake that extends from the littoral zone and that is only as deep as light can reach (65)

zona de aguas profundas/deep-water zone the zone of a lake or pond below the open-water zone, where no light reaches (65)

zona litoral/littoral zone the shallow zone of a lake or pond where light reaches the bottom and nurtures plants (65)

Índice

Los números de página en **negritas** se refieren a material ilustrativo, como figuras, tablas, elementos de los márgenes, fotografías e ilustraciones.

A

B

C

D

E

P

R

Créditos

Abbreviations used: (t) top, (c) center, (b) bottom, (l) left, (r) right, (bkgd) background

FOTOGRAFÍA

Front Cover Faulkner/Corbis

Skills Practice Lab Teens Sam Dudgeon/HRW

Connection to Astrology Corbis Images; **Connection to Biology** David M. Phillips/Visuals Unlimited; **Connection to Chemistry** Digital Image copyright © 2005 PhotoDisc; **Connection to Environment** Digital Image copyright © 2005 PhotoDisc; **Connection to Geology** Letraset Phototone; **Connection to Language Arts** Digital Image copyright © 2005 PhotoDisc; **Connection to Meteorology** Digital Image copyright © 2005 PhotoDisc; **Connection to Oceanography** © ICONOTEC; **Connection to Physics** Digital Image copyright © 2005 PhotoDisc

Table of Contents v (tr), © Jeff Hunter/Getty Images/The Image Bank; v (bl), James Randklev/Getty Images/Stone; vi–vii, Victoria Smith/HRW; x (bl), Sam Dudgeon/HRW; xi (tl), John Langford/HRW; xi (b), Sam Dudgeon/HRW; xii (tl), Victoria Smith/HRW; xii (bl), Stephanie Morris/HRW; xii (br), Sam Dudgeon/HRW; xiii (tl), Patti Murray/Animals, Animals; xiii (tr), Jana Birchum/HRW; xiii (b), Peter Van Steen/HRW

Chapter One 2–3 © Roine Magnusson/Getty Images/The Image Bank; 9 (r), © David M. Phillips/Visuals Unlimited; 11 (t), © George H. H. Huey/CORBIS; 11 (c), © D. Robert & Lorri Franz/CORBIS; 11 (b), © Jason Brindel Photography/Alamy Photos; 12 (t), Laguna Photo/Liaison International/Getty News Images; 12 (b), Jeff Lepore/Photo Researchers; 14 Jeff Foott/AUSCAPE; 15 © Ross Hamilton/Getty Images/Stone; 16 (l), Visuals Unlimited/Gerald & Buff Corsi; 16 (cr), Hans Pfletschinger/Peter Arnold; 17 (r), W. Peckover/Academy of Natural Sciences Philadelphia/VIREO; 17 (l), Leroy Simon/Visuals Unlimited; 18 (b), Ed Robinson/Tom Stack & Associates; 18 (tl), © Telegraph Color Library/Getty Images/FPG International; 18 (tr), OSF/Peter Parks/Animals Animals Earth Scenes; 19 (t), © Gay Bumgarner/Getty Images/Stone; 19 (b), Carol Hughes/Bruce Coleman; 20 (tl), CSIRO Wildlife & Ecology; 20 (r), © Rick & Nora Bowers/Visuals Unlimited; 21 Leroy Simon/Visuals Unlimited; 22 Sam Dudgeon/HRW; 23 Sam Dudgeon/HRW; 23 Sam Dudgeon/HRW; 24 Leroy Simon/Visuals Unlimited; 28 (r), © National Geographic Image Collection/Darlyne Murawski; 28 (l), Digital Image copyright © 2005 PhotoDisc; 29 (r), Photo from the Dept. of Communication Services, North Carolina State University; 29 (l), Digital Image copyright © 2005 Artville

Chapter Two 30–31 © Bryan and Cherry Alexander Photography; 36 (l), Diana L. Stratton/Tom Stack & Associates; 36 (r), © Stan Osolinski; 39 Kim Heacox/DRK Photo; 40 Sam Dudgeon/HRW; 41 (br), Sam Dudgeon/HRW; 41 (bl), Sam Dudgeon/HRW; 41 (t), Sam Dudgeon/HRW; 46 (t), Reed Saxon/AP/Wide World Photos; 47 (t), Neil Michel/Axiom; 47 (b), Neil Michel/Axiom

Chapter Three 48–49 © Studio Carlo Dani/Animals Animals/Earth Scenes; 54 (t), Grant Heilman; 54 (b), Tom Brakefield/Bruce Coleman; 56 (t), © Kathy Bushue/Getty Images/Stone; 58–59 (b), Stuart Westmorland/Getty Images/Stone; 58 (inset), Manfred Kage/Peter Arnold; 62 (b), © Jeff Hunter/Getty Images/The Image Bank; 66 (t), Dwight Kuhn; 66 (b), Hardie Truesdale/International Stock; 69 Sam Dudgeon/HRW; 74 (r), Dr. Verena Tunnicliffe; 74 (l), © Raymond Gehman/CORBIS; 75 (t), Lincoln P. Brower; 75 (b), © Royalty–Free/CORBIS

Chapter Four 76–77 Martin Harvey/NHPA; 78 Larry Lefever/Grant Heilman Photography; 79 (t), J. Roche/Peter Arnold, Inc.; 79 (b), NASA; 80 (b), © Jacques Jangoux/Getty Images/Stone; 81 REUTERS/Jonathan Searle/NewsCom; 82 © Rex Ziak/Getty Images/Stone; 83 REUTERS/Jonathan Searle/NewsCom; 84 (l), Peter Van Steen/HRW; 84 (c), Peter Van Steen/HRW; 84 (r), Peter Van Steen/HRW; 85 (t), Argonne National Laboratory; 85 (b), Digital Image copyright © 2005 PhotoDisc; 86 (b), PhotoEdit; 86 (t), Kay Park–Rec Corp.; 87 (t), Peter Van Steen/HRW; 87 (b), Martin Bond/Science Photo Library/Photo Researchers; 88 (b), K. W. Fink/Bruce Coleman; 88 (t), © Sindre Ellingsen/Alamy Photos; 89 Stephen J. Krasemann/DRK Photo; 90 (bl), Sam Dudgeon/HRW; 90 (t), © Will & Deni McIntyre/Getty Images/Stone; 90 (br), Stephen J. Krasemann/DRK Photo; 91 (t), K. W. Fink/Bruce Coleman; 92 Peter Van Steen/HRW; 93 (tl), Tom Bean/DRK Photo; 93 (tr), Darrell Gulin/DRK Photo; 94 (l), Peter Van Steen/HRW; 94 (r), Peter Van Steen/HRW; 95 Larry Lefever/Grant Heilman Photography; 98 (l), Art Wolfe; 98 (r), © Toru Yamanaka/AFP/CORBIS; 99 (b), Gamma–Liaison/Getty News Images; 99 (t), Huntsville Times

Chapter Five 100 (inset), Roger Ressmeyer/CORBIS; 100–101 (inset), Novovitch/Liaison/Getty Images; 102 (tc), Andy Christiansen/HRW; 102 (tl), John Blaustein/Liaison/Getty Images; 102 (tr), Mark Lewis/Getty Images/Stone; 103 (tl), James Randklev/Getty Images/Stone; 103 (b), Ed Malles/Liaison/Newsmakers/Getty Images; 103 (tr), Myrleen Furgusson Cate/PhotoEdit; 104, Victoria Smith/HRW; 106, Data courtesy Marc Imhoff of NASA/GSFC and Christopher Elvidge of NOAA/NGDC. Image by Craig Mayhew and Robert Simmon, NASA/GSFC.; 107 (b), John Zoiner; 107 (t), Mark Green/Getty Images/Taxi; 108, John Zoiner; 110, 2, Paolo Koch/Photo Researchers, Inc.; 110, 1, Horst Schafer/Peter Arnold, Inc.; 110, 3, Brian Parker/Tom Stack & Associates; 110, 4, C. Kuhn/Getty Images/The Image Bank; 111 (br), Alberto Incrocci/Getty Images/The Image Bank; 112 (inset), ©1994 NYC Parks Photo Archive/Fundamental Photographs; 112 (tl), © 1994 Kristen Brochmann/Fundamental Photographs; 112, Martin Harvey; 115 (tr), Tom Myers/Photo Researchers, Inc; 116 (t), Laurent Gillieron/Keystone/AP/Wide World Photos; 117 (b), Terry W. Eggers/CORBIS; 118 (t), Craig Sands/National Geographic Image Collection/Getty Images; 118 (b), Caio Coronel/Reuters/NewsCom; 119, G.R. Roberts Photo Library; 121, Laurent Gillieron/Keystone/AP/Wide World Photos; 123, Sam Dudgeon/HRW; 124, HRW; 125; 112, Martin Harvey; 128 (t), Junko Kimura/Getty Images; 128 (b), STR/AP/Wide World Photos; 129 (t), Courtesy of Los Alamos National Laboratories; 129 (b), Corbis Images

Lab Book/Appendix "LabBook Header", "L", Corbis Images; "a", Letraset Phototone; "b", and "B", HRW; "o", and "k", images ©2006 PhotoDisc/HRW; 132 Peter Van Steen/HRW; 133 (tr), © Kenneth Gabrielsen; 133 (cl), Visuals Unlimited/Doug Sokell; 133 (br), Larry Nielsen/Peter Arnold; 133 (bl), Phil Degginger; 135 Peter Van Steen/HRW; 137 Sam Dudgeon/HRW; 141 Sam Dudgeon/HRW; 142 Sam Dudgeon/HRW; 147 (t), Peter Van Steen/HRW; 147 (b), Sam Dudgeon/HRW